园林行业职业技能培训系列教材

绿 化 工

章志红　主编

中国建筑工业出版社

图书在版编目（CIP）数据

绿化工／章志红主编．—北京：中国建筑工业出
版社，2022.10
园林行业职业技能培训系列教材
ISBN 978-7-112-27581-6

Ⅰ．①绿…　Ⅱ．①章…　Ⅲ．①园林－绿化－技术培训
－教材　Ⅳ.① S73

中国版本图书馆 CIP 数据核字（2022）第 117120 号

本教材依据中华人民共和国住房和城乡建设部发布的《园林行业职业技能标准》CJJ/T 237—2016 之《绿化工职业技能标准》编写。本教材分为绿化工的理论知识、操作技能和安全生产知识三部分内容，教材的内容编写从实践出发，全面、系统地讲述了上述三部分知识的要点，同时，教材在编写过程中内容由浅入深、由基础到专业、由基本操作到专项操作，可以满足各级别绿化工的培训要求。

书稿中的案例经典，图文并茂，深入浅出，易于读者理解和掌握。

责任编辑：张伯熙　杨　杰　杜　洁　张　健
责任校对：张惠雯

园林行业职业技能培训系列教材

绿　化　工

章志红　主编

*

中国建筑工业出版社出版、发行（北京海淀三里河路 9 号）
各地新华书店、建筑书店经销
北京建筑工业印刷厂制版
北京中科印刷有限公司印刷

*

开本：787 毫米×1092 毫米　1/16　印张：10¾　字数：257 千字
2022 年 7 月第一版　　2022 年 7 月第一次印刷
定价：32.00 元
ISBN 978-7-112-27581-6
（37676）

园林行业职业技能培训系列教材

丛书编委会

主　　编: 黄志良

副 主 编: 卜福民　章志红　汤　坚　陈绍彬

　　　　　 孙天舒　李成忠　李晓光

本书编写委员会

主　　编：章志红

副主编：黄志良　孙天舒

编　　委：（按姓氏拼音为序）

季　节　李昌贤　沈冰洁　王　恒

王　康　王永亮　吴向明　张叶新

朱晓强

审　　校：戚维平　任淑年　司文会

前　言

2016 年中华人民共和国住房和城乡建设部颁布的《园林行业职业技能标准》CJJ/T 237—2016，将园林绿化工职业技能设定为五级标准（Ⅰ～Ⅴ级），依次与现行的高级技师（Ⅰ）、技师（Ⅱ）、高级工（Ⅲ）、中级工（Ⅳ）、初级工（Ⅴ）级别相对应，并制定了各级对应的理论知识、操作技能、安全生产知识要求。该标准把理论知识与操作技能相结合，增加了安全生产知识，符合园林行业职业发展要求。

根据《园林行业职业技能标准》CJJ/T 237—2016 要求，江苏城乡建设职业学院组织园林专业教研室老师编写《园林行业职业技能培训系列教材——绿化工》一书，内容共 3 篇 18 章。第 1 篇为理论知识，包括植物学基础知识、植物生态基本知识、园林树木、园林花卉、园林植物生理基本知识、园林土壤与肥料基本知识、园林植物保护、园林规划设计基本知识、园林工程与清单计价。第 2 篇为操作技能，包括园林植物识别，园林病虫害识别，识读园林工程图纸并施工放样，园林树木整形与修剪，园林树木移植，常见园林机械使用、维护与保养，化肥、农药配置与使用，园林植物配置与施工组织设计编制。第 3 篇为安全生产知识，包括用药、用电、农机具安全使用知识。教材理论覆盖面广、操作技术结合实际需求，整体内容由浅入深、由基础到专业、由基本操作到专项操作，基本能满足标准中各级别的要求。

编写过程中参阅了相关教材、论文、专著等图文资料，并得到了同行及朋友们的大力支持，在此一并感谢。

由于中国地域辽阔，自然条件复杂多样，树种繁多，故在使用本教材时可根据各地地域和特点灵活选用内容。

本教材编写时间比较紧张，从立项到完成仅一年的时间，虽然参与编写的人员有多年的工作经验，但也不能保障内容涵盖完整、内容完全正确、文字语言得当，特别是对新理念的理解和运用，需要更多的知识和经验。同时，受篇幅所限，理论、概念、操作只能点到为止，不能详述。在此希望读者提出宝贵的意见和建议，不断补充和完善本教材的内容。

由于编者水平有限，时间仓促，书中内容不妥之处在所难免，敬请使用本教材的读者如有宝贵建议和意见，及时反馈给我们。邮箱：754603784@qq.com。

目　　录

第1篇　理　论　知　识

第2篇 操作技能

第3篇　安全生产知识

第 1 篇

理 论 知 识

第1章 植物学基础知识

植物细胞和组织是组成植物体的基础。高等植物中出现了由多种组织组成，具有显著形态特征和特定生理功能的部分，称之为器官。被子植物的器官发育，可以追溯到种子中胚的萌发。种子成熟后，经过休眠，在适宜的环境中开始萌发。胚根突破种皮向下生长，以后发展为根系；胚芽突出种皮向上生长，逐步形成地上的茎、叶系统。根、茎、叶是被子植物生活史中，在营养生长期担负着有关植物营养生理活动功能的器官，称之为营养器官。

被子植物达到成花的生理状态后，即进入生殖生长。在植株的一定部位形成花芽，然后开花、传粉、受精、结果、产生种子。因为花、果实、种子是与植物生殖有关的器官，所以将其称为生殖器官。通过果实和种子的传播，在适宜的条件下，种子发展成为新的植株体。植物借助生殖，使种族得以延续和发展。

1.1 植物的根

1.1.1 根的功能

（1）吸收作用

吸收水分和养分，吸收作用最活跃的区域仅限于根尖部分。

（2）固定和支持作用

固定植物，固定土壤。

（3）输导作用

根到枝叶，叶到茎和根。

（4）贮藏和繁殖作用

如大丽花、小丽花、胡萝卜、红薯、山药等。

1.1.2 根的类型和根系

（1）根的类型

种子植物的根有主根、侧根和不定根。

按来源分类，可分为主根和侧根。

按发生部位分类，可分为定根和不定根。

（2）根系

一株植物地下部分所有根的总体叫根系。植物的根系有直根系和须根系两种类型。

1）直根系

指主根粗壮发达，有明显的主根和侧根之分，如大多数双子叶植物和裸子植物。快速生长的直根系，能够使植物很快地在土壤中向下穿入，以吸取深层的水源。有些植物的直根系明显超过植物地上部分的高度，具有这种根系的植物叫深根性植物，如马尾松成年后主根可深达 5m 以上，还有松树、柏树、广玉兰等，也属于这类根系。直根系见图 1-1-1。

2）须根系

是主根和侧根无明显区别的根系，或者根系全由不定根组成，单子叶植物多为须根系。例如禾本科植物，主根长出后不久就停止生长或死亡，由胚轴和茎基的节上生出许多不定根组成须根系。须根系见图 1-1-2。

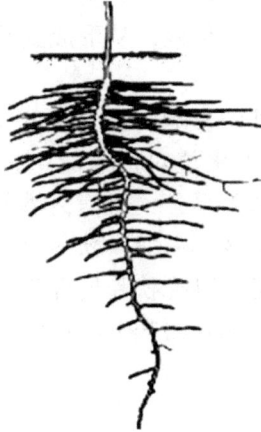 

图 1-1-1　直根系　　　　　图 1-1-2　须根系

一般直根系分支层次明显，根系分布在土壤的深处；组成须根系的根粗细差不多，根系分布在土壤的浅处。

1.1.3　根系深浅与环境的关系

根系的深浅不但取决于植物的遗传性，也取决于外界条件，特别是土壤条件，如土壤水分、土壤类型等。长期生长在河流两岸或低湿地区的树种，如柳树、枫杨等，在土壤表层就能获得充足的水分，所以根系发育为浅根性。生长在干旱或沙漠地区的植物，只能在土壤深层吸收水分，一般为深根性，如沙漠中的植物，根可达 5m 深。即使是同一种植物，生长在地下水位较低、土壤肥沃、排水良好的地区，根系分布于较深土层；反之，则多分布在较浅的土层。另外，用种子繁殖的苗木，主根明显，根系深；扦插和压条繁殖的苗木，无明显主根，根系浅。

1.1.4　根系的生长特点

（1）根系的年生长动态

树木根系没有自然休眠期，只要条件合适，就可全年生长或随时可由停顿状态迅速过渡到生长状态。长势的强弱和生长量的大小，随土壤温度、水分、通气条件及树体内营养状况而异，但根系的生长在一年中是有周期性的，根的生长与地上部分有关，且往往与生长交错进行。

一般根系生长要求温度比萌芽低，因此，春季根开始生长。春季根开始生长即出现第一个生长高峰，其发根量与树体贮藏营养水平有关。然后是地上部分开始迅速生长，而根系生长趋于缓慢。当地上部分生长趋于停止时，根系生长出现一个大高峰，其强度大、发根多。落叶前根系还可能有一次生长小高峰，有些树种根系的生长在一年内可能有好几个生长高峰。

（2）根系的生命周期

一般幼树期根系生长快，其生长速度都超过地上部分。随着年龄增加，根系生长速度趋于缓慢，并逐年与地上部分的生长保持一定的比例关系。在整个生命过程中，根系始终发生局部的自疏与更新。待根系达到最大幅度后，发生向心更新。当树木衰老时，地上部分濒于死亡，根系仍能保持一段时间的寿命。至于须根，从形成到壮大，直至衰亡，一般有数年的寿命。

根系的生长发育很大程度上受土壤环境条件的影响，土壤温度、湿度、通气条件、营养状况、土壤类型、土层厚度、母岩分化和地下水位对根系的生长与分布都有密切的关系。根系的生长动态与植树或移栽都有着密切的关系，一般植树季节应选在适合根系再生和枝叶蒸腾量最小的时期。在四季分明的温带地区，一般以秋冬落叶后至春季萌芽前的休眠时期最为适宜。就多数地区和大部分树种来说，以晚秋和早春为最好。晚秋是指地上部分进入休眠，而根系仍能生长的时期；早春是指气温回升土壤刚解冻，根系已能生长，而枝芽尚未萌发之时。

1.1.5　根的变态

根和植物其他器官一样，在长期的历史发展过程中，为适应生活环境的变化，其外部形态和内部结构会发生一些变态。这些变态的特性形成后，能作为遗传性状一代代遗传下去，成为变态根。常见的变态根主要有以下几种类型。

（1）贮藏根

贮藏根贮藏养料，肥厚多汁，形状多样，常见于二年生或多年生草本双子叶植物。如萝卜的肉质直根（由主根发育而来）、兰花的肉质根、大丽花和甘薯的块状根（由不定根或侧根发育而来）。

（2）气生根

由茎上产生，是不深扎土壤而暴露在空气中的根。如玉米茎节上生出的一些不定根；榕树枝上产生多数下垂的气生根，它们都可以伸入土壤，产生侧根，成为支柱根。榕树的

图1-1-3　秋海棠叶上生出气生根

支柱根在热带和亚热带可以形成"独木成林"的景观。常春藤、络石、凌霄等植物在细长柔软的茎上形成气生根，以固着他物表面，攀援上升，成为攀援根。生长在海岸腐泥中的红树和池边的水松，它们都有许多支根从腐泥中向上生长，挺立在腐泥外空气中，成为呼吸根。寄生植物菟丝子，以突起状的根伸入寄主体内，吸取寄主体内的养料和水分，成为寄生根。秋海棠叶上生出气生根见图 1-1-3。

1.1.6　根瘤与菌根

（1）根瘤

在豆科植物的根上，常常生存着各种形状的瘤状突起物，它们被称为根瘤。根瘤是土壤中的根瘤菌侵入根部细胞而形成的瘤状共生结构。根瘤菌自根毛侵入，存在于根的皮层薄壁细胞中。一方面在皮层细胞内大量繁殖；另一方面通过其分泌物刺激皮层细胞迅速分裂，产生大量的新细胞，使该部分皮层的体积膨大，向外突出而形成根瘤。

根瘤菌的最大特点是具有固氮作用，根瘤菌中的固氮酶能把空气中的游离氮转变为氨，为植物体的生长发育提供可以利用的含氮化合物。同时，根瘤菌也从根的皮层细胞中吸取生长发育所需的水分和养料。由于根瘤菌可以分泌一些含氮物质到土壤中，或有一些根瘤自根部脱落，增加土壤肥力，为其他植物所利用，因此，生产上常施用根瘤菌肥或用豆科植物与其他作物套作、轮作或间作，以达到增产效果。具有根瘤的根系和残株遗留在土壤中，也能增加土壤肥力。

除豆科植物外，桤木、杨梅、罗汉松、苏铁等的根上都有根瘤。近年来，把固氮菌中的固氮基因转移到其他农作物和经济作物中，已成为分子生物学和遗传工程的研究目标之一。

（2）菌根

菌根为植物根与土壤中的真菌形成的共生体。菌根主要有两种类型：外生菌根和内生菌根。外生菌根的菌丝不能进入根的细胞中，可以在根的外面形成菌丝体，包在幼根的表面，或穿入皮层细胞的胞间隙中。这样的植物根毛不发达，以菌丝代替了根毛的功能，增加了根系的吸收面积，云杉、松、榛、山毛榉等的根上常有外生菌根。内生菌根的菌丝通过细胞壁进入表皮和皮层细胞内，形成丛枝状的分枝，葡萄、柑橘、核桃、杨和兰科植物的根上具有内生菌根。除上述两类菌根外，也有内外兼生的菌根，即菌丝不仅包在幼根表面，同时也深入到根的细胞中，如草莓、苹果、银白杨和柳等。

真菌与高等植物共生，能够加强根的吸收能力，把菌丝吸收的水分、无机盐等供给绿色植物使用，帮助植物生长；同时，还能产生植物激素和维生素 B 等刺激根系的发育，并分泌水解酶类，促进根周围有机物的分解，从而对高等植物的生长发育起到积极作用，而高等植物把它所制造的糖类及氨基酸等有机养料提供给真菌，以满足真菌生长发育的需要。

1.2　植物的茎

茎是植物的三大营养器官之一，是连接叶和根的轴状结构，为了便于授粉和种子传播，花和果也在茎上形成。茎起源于种子幼胚的胚芽和胚轴，茎的侧枝起源于叶腋的芽。

茎一般生长在地面上，也有些植物的茎生长于地下或水中。茎为水和无机养料从根到叶提供了一条通道，同时还提供了有机养料、激素和其他代谢产物在植物各个部分之间传递的途径。此外，茎还有贮藏和繁殖作用，例如马铃薯、慈姑、藕的地下茎。

1.2.1　茎的形态

一般种子植物的茎多为圆柱形，但也有三棱形、四棱形和扁平形。茎的长短大小差别很大，短的只有几厘米，高的可达一百米以上。茎与根的区别在于茎的形态特征，主要表现在以下两点：

（1）茎上着生叶和芽的部位称为节，相邻两节之间的无叶部分叫节间。有些植物茎上的节很明显，节间长的叫长枝，节间短的叫短枝。如雪松的长枝上叶散生，短枝上叶簇生。苹果的长枝，节间长，节上长叶；而短枝节间短，节上着生花，也叫果枝。

（2）茎的顶端和叶腋有芽，茎的节上可以生一至几片叶，着生叶和芽的茎称为枝（以山毛榉的枝为例，见图 1-2-1）。茎上的叶子脱落后留下的痕迹叫叶痕，同样，小枝脱落后在茎上会留下枝痕。有些植物茎上还可以看到芽鳞痕，这是鳞芽展开时，其外鳞片脱落后留下的痕迹，可以根据芽鳞痕来判断枝条的年龄。有些植物的茎表面可以见到形状各异的裂缝，这是茎上的皮孔，皮孔是周皮上的通气结构，是植物气体交换的通道。皮孔的形态、大小与分布因植物不同而不同，因此，对落叶乔木和灌木的冬枝，可以利用上述形态特点作为鉴别标准。

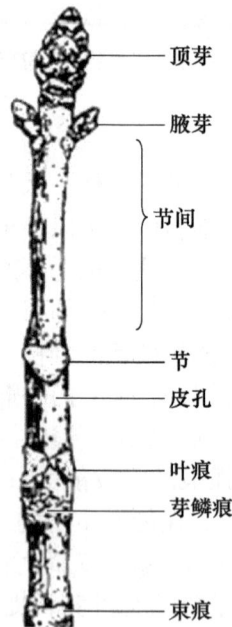

图 1-2-1　山毛榉的枝

1.2.2　芽

（1）芽的概念

芽是幼态未伸展的枝、花或花序，包括茎尖分生组织及其外围的附属物。也就是说，枝、花或花序尚未发育的雏体就是芽。

（2）芽的类型

按照芽生长的位置、性质、结构和生理状态，可将芽分为下列几种类型：

1）定芽和不定芽

按芽在枝上的着生位置可分为定芽和不定芽。将在茎、枝条的节上着生有固定位置的芽（包括胚芽），称为定芽。定芽可分为顶芽和腋芽。腋芽由于位于枝条的侧面又可称为侧芽。

大多数植物每个叶腋只有一个腋芽，但有些植物生长两个芽，先生的为正芽，其他的芽称为副芽，如紫穗槐、桃等。

有些植物的芽被叶柄基部所覆盖，称为柄下芽，如悬铃木。

除顶芽和腋芽外，在植物体的根、茎、叶，特别是受创伤的部位发生的芽被称为不定芽。如苹果、榆的根，甘薯、大丽花的块根，杨、柳、桑等植物的老茎以及秋海棠、橡皮树等植物落地生根的叶上，均可生出不定芽。由于不定芽可以发育成新植株，生产上常利用植物形成不定芽和不定根的性能，进行植物的营养繁殖。

2）鳞芽和裸芽

鳞芽和裸芽是按芽鳞的有无来划分的。大多数生长在温带、寒温带和寒带的木本植物（如榆、杨等），秋天形成的芽需要越冬，芽外的幼叶常常变成鳞片（称为芽鳞），包被在芽的外面，保护幼芽越冬，这种芽称为鳞芽，又叫被芽。芽鳞外层细胞常角质化或栓质化，或具蜡层，呈棕褐色，坚硬，有的密生茸毛，有的分泌黏液或树脂，减少蒸腾和加强防寒，起保护作用，以免受到冬季干旱的影响。

一般草本植物和生长在热带潮湿气候的木本植物的芽没有芽鳞包被，这种芽叫裸芽，如油菜、棉花、蓖麻和核桃的雄花芽。有些树木的裸芽上常常有绒毛，如枫杨等。

3）枝芽、花芽和混合芽

根据芽发育后所形成的器官来划分，可分为枝芽、花芽和混合芽。芽发育开放后形成茎和叶，这种芽叫枝芽。发育形成花或花序的芽可称为花芽。如果芽展开后既生枝叶又生花（或花序），可称为混合芽。如梨和苹果短枝上的顶芽即为混合芽。花芽和混合芽通常比枝芽肥大，比较好区别。

4）活动芽和休眠芽

按生理活动状态可划分为活动芽和休眠芽。通常认为能在当年生长季节中萌发生长为枝条或花、花序的芽，可称为活动芽。一年生草本植物的芽多数为活动芽，温带、寒带的多年生木本植物，秋末所有的芽都进入长达数月的季节性休眠，翌年春天萌发，但通常只有顶芽及距顶芽较近的腋芽萌发，这些芽可称活动芽。而近下部的许多腋芽在生长季节里也不活动，暂时保持休眠状态，这些芽都是休眠芽或潜伏芽。休眠芽仍具有生长活动的潜能。在不同的条件下，活动芽和休眠芽可以互相转变。

1.2.3　茎的质地

从茎的质地来看，有木质和草质之分，将木质茎的植物称为木本植物，将草质茎的植物称为草本植物。木本植物茎内木质部发达，茎干支持力量强，植物往往长得十分高大，植物死亡后茎干仍然直立。草本植物茎内木质部不发达，茎干支持力量弱，植株矮小，植物死亡后茎干多倒伏。裸子植物只有木质茎；双子叶植物有木质茎，也有草质茎。草质茎一般柔软，为绿色，寿命较短，绝大多数一年生草本植物都是草质茎。

1.2.4　茎的生长习性

不同植物的茎在长期进化过程中，有不同的生长习性，茎的生长习性见图1-2-2。茎的这些不同的生长习性使得植物适应外界环境，使叶在空间充分展开，尽可能充分接受日光照射，制造自己需要的营养物质，使植物完成繁殖后代的生理功能。根据茎生长习性的不同，可分为以下四种主要类型：

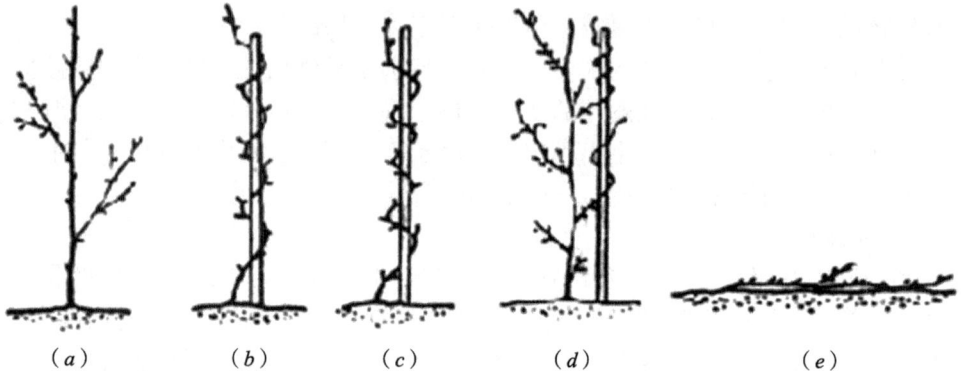

（a）　　　　　（b）　　　　　（c）　　　　　（d）　　　　　（e）

图 1-2-2　茎的生长习性

（a）直立茎；（b）缠绕茎Ⅰ；（c）缠绕茎Ⅱ；（d）攀援茎；（e）匍匐茎

（1）直立茎

茎的生长方向与根相反，是背地性的，垂直向上生长，常见的植物多数为直立茎，如杨、柳、榆等。

（2）缠绕茎

有些植物茎内机械组织较少，因此，茎幼时较柔软细长，不能直立，茎缠绕于其他支柱上升。缠绕茎的缠绕方向，有些是左旋的，即按逆时针方向，如菜豆、牵牛花等；有些是右旋的，即按顺时针方向，如忍冬；有些植物的茎既可左旋，也可右旋，称为中性缠绕茎，如何首乌的茎。

（3）攀援茎

茎较柔软，不能直立，以特有的结构攀援到别的物体上升。按它们攀援结构的性质可分为：

1）以卷须攀援的茎，如黄瓜、丝瓜、葡萄、香豌豆等；

2）以气生根攀援的茎，如络石、常春藤等；

3）以叶柄攀援的茎，如铁线莲、旱金莲等；

4）以钩刺攀援的茎，如白藤等；

5）以吸盘攀援的茎，如爬山虎等。

将有缠绕茎和攀援茎的植物，统称为藤本植物。不少有观赏价值的藤本植物，如茑萝、凌霄、紫藤、葡萄等，在栽培技术上必须根据它们的生长习性，及时和适当地搭好棚架，使枝叶得以合理展开，获得充分的光照，以达到最佳景观效果。

（4）匍匐茎

茎细长柔软，沿地面蔓延生长，一般节间较长，如草莓、狗牙根、旱金莲、铺地柏等。

1.2.5　茎的分枝方式

茎通常是种子萌发后所生长的地上部分，主茎由胚芽发育而来，以后由主茎上的腋芽继续生长形成侧枝，侧枝上形成的腋芽又继续生长，反复分枝形成庞大的分枝系统。植物的顶芽和侧芽存在着一定的生长相关性，顶芽活跃生长时，侧芽的生长会受到一定的抑制。如果顶芽因某些原因而停止生长时，侧芽就会迅速生长。每种植物通常有一定的分枝方式，种子植物常见的分枝方式有单轴分枝、合轴分枝。茎的分枝见图 1-2-3。

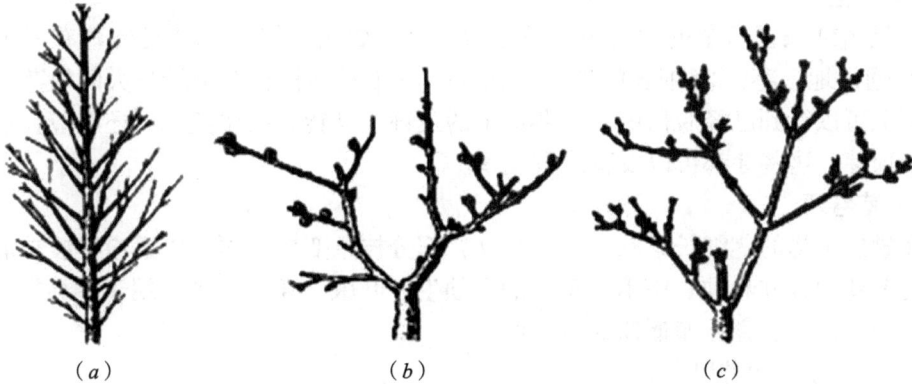

图 1-2-3　茎的分枝

（a）单轴分枝；（b）合轴分枝；（c）假二叉分枝

（1）单轴分枝

从幼苗开始，主茎的顶芽不断向上伸展而形成分枝，这种分枝方式叫单轴分枝。单轴分枝形成一个直立而粗壮的主干，侧枝不发达，以后侧枝以同样的方式形成次级分枝。单轴分枝的植物有杨、桦、银杏、山毛榉等森林植物，多数裸子植物如松、柏、杉、水杉都属于这种分枝类型。单轴分枝的植物要注意保持其顶端优势，以便提高木材的产量和质量。

（2）合轴分枝

植物在生长过程中，没有明显的顶端优势，顶芽只活动很短的一段时间后便死亡，或生长极为缓慢，或转变为花芽，紧邻下方的腋芽开放长成侧枝，代替原来的主轴向上生长。生长一段时间后，侧枝的顶芽同样被下方的腋芽所取代，如此反复，这种分枝方式叫合轴分枝。合轴分枝使树冠呈开展形，更利于通风透光。大部分被子植物是合轴分枝，如榆、无花果、苹果、梨、梧桐、柳、槭、菩提树、桃、马铃薯、番茄等。

1.2.6　茎的变态

茎除了具有支持、输导和其他功能外，还可以产生适应其他功能的变态。

（1）根状茎

根状茎生于土壤中，它们具有明显的节和节间，节上有小而退化的鳞片状叶，叶腋内有腋芽，由此发育为地上枝，如鸢尾的叶和花柄都产生于正在生长的根状茎的顶端；竹鞭就是竹的根状茎，有明显的节，笋就是由竹鞭的叶腋内伸出地面的腋芽，可发育成竹的地上枝（竹秆）；藕就是莲的根状茎。

（2）球茎

球茎是一种直立、肥厚、缩短的地下茎，茎上可以看到一些叶腋中有芽，如芋、唐菖蒲、荸荠、慈姑等。

（3）鳞茎

由许多肥厚的肉质鳞叶包围的扁平或圆盘状的地下茎，称为鳞茎。其养料贮藏在叶状的鳞片中，茎部细小，但至少有一个中央的顶芽会产生一个直立营养枝。此外，至少有一个腋芽，这种腋芽在第二年会生出鳞茎，如水仙、大蒜、洋葱、百合等。

（4）块茎

块茎是由细长根状茎的顶部膨大而形成的，马铃薯即是一例。马铃薯有三种类型的茎：① 普通的地上茎；② 细长的地下根状茎；③ 细长的根状茎顶端膨大的块茎。在成熟的马铃薯上可以看到已经脱落的根状茎留下的痕迹。马铃薯的块茎上，还有节、节间、侧芽和一个顶芽，这些芽都可以发育成直立茎。

（5）茎卷须

许多攀援植物的茎细长柔软，不能直立，部分枝条变成卷须，以适应攀援功能，将这类茎称为茎卷须或枝卷须。南瓜、黄瓜的卷须生于叶腋，卷须分叉，属于茎卷须；也有些植物的卷须由顶芽发育，如葡萄的茎卷须。

（6）叶状茎（也称叶状枝）

有些植物的叶退化，茎变态成叶片状，扁平，呈绿色，代替叶行使生理功能，称为叶状茎或叶状枝，如蟹爪兰、昙花、假叶树、竹节蓼等。假叶树的侧枝变为叶状枝，叶退化为鳞片状，叶腋可生小花。

（7）茎刺

由茎变态形成具有保护功能的刺，可称为茎刺或枝刺。火棘、枳、刺槐（洋槐）、皂荚都是枝刺。枝刺像普通枝，由腋芽发育而来，着生在叶腋处，由维管束相互连接，不易剥落。有时枝刺上带有叶，而且可以有分枝，这也证明了枝刺是变态茎。但是，在蔷薇茎上的刺叫皮刺，是由表皮形成的，与内部结构无关。

1.3　植物的叶

叶是种子植物制造有机养料的重要营养器官，是植物进行光合作用的主要场所。

1.3.1　叶的组成

植物的叶一般由叶片、叶柄和托叶三部分构成，叶的组成见图 1-3-1。叶片是叶最重要的组成部分，大多数为绿色扁平体，不同植物叶片形状差异很大。叶柄位于叶片的基部，连接叶片与枝（茎），是二者之间物质交流的通道，还能支持叶片，并通过本身的长短和扭曲使叶片处于对光合作用有利的位置。托叶是叶柄基部的附属物，细小、早落，托叶的有无及形状随植物种类的不同而不同，如豌豆的托叶为叶状，比较大，梨的托叶为线状，刺槐的托叶为刺，蓼科植物的托叶形成了托叶鞘。

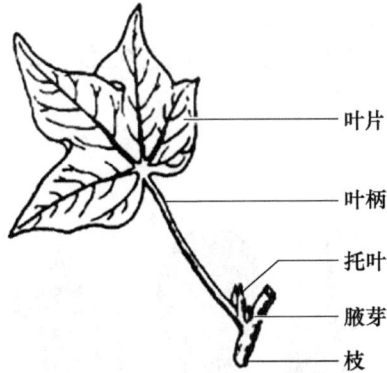

图 1-3-1　叶的组成

具有叶片、叶柄、托叶三部分的叶称为完全叶，如桃、梨、豌豆、月季的叶等。缺少其中任何一部分或两部分的叶称为不完全叶。无托叶的不完全叶较为普遍，如紫藤、丁香、茶花、黄杨等的叶。有些植物有托叶，但早期脱落。也有无叶柄的叶，如莴苣、荠菜等。缺少叶片的情况极为少见。除幼苗外，植株的所有叶均不具有叶片，而是由叶柄扩展成扁平状，代替叶片的功能，也叫叶状柄。

1.3.2　叶片的形状

（1）叶片的整体形状

叶片的形状随植物种类的不同，差异很大。常见叶片形状有阔卵形、卵形、披针形、圆形、阔椭圆形、长椭圆形、倒阔卵形、倒卵形、倒披针形、剑形等，叶片的形状见图 1-3-2。

项目	长阔相等（或长比阔大得很少）	长比阔大 1.5～2倍	长比阔大 3～4倍	长比阔大 5倍以上
最宽处在叶的基部	阔卵形	卵形	披针形	剑形
最宽处在叶的中部	圆形	阔椭圆形	长椭圆形	
最宽处在叶的顶端	倒阔卵形	倒卵形	倒披针形	

图 1-3-2　叶片的形状

（2）叶尖的形状

叶片的尖端是叶尖，叶尖有不同形状，如芒尖形、卷须形、尾尖形、尖凹形、渐尖形、钝尖形等，叶尖的形状见图1-3-3。

芒尖形　　卷须形　　尾尖形　　尖凹形　　渐尖形　　钝尖形

图1-3-3　叶尖的形状

（3）叶基的形状

叶片基部是叶基。叶基也有不同的形状，如心形、耳垂形、箭形、戟形、盾形、圆形、截形等，叶基的形状见图1-3-4。

心形　　耳垂形　　箭形　　戟形　　盾形　　圆形　　截形

图1-3-4　叶基的形状

（4）叶缘的形状

叶的边缘被称为叶缘。叶缘有全缘、牙齿缘、锯齿缘、重锯齿缘、凸波缘等，叶缘的形状见图1-3-5。

全缘　　牙齿缘　　锯齿缘　　重锯齿缘　　凸波缘

图1-3-5　叶缘的形状

（5）叶裂的形状

叶缘的凹凸很深，被称为叶裂。根据叶裂的形状可分为羽状和掌状两种。每种又可分为浅裂、深裂、全裂三种。

叶裂达不到叶片的一半时，被称为浅裂；多于叶片的一半而未到中脉或叶片基部时，被称为深裂；叶裂深达叶片基部时，被称为全裂。叶裂的形状见图1-3-6。

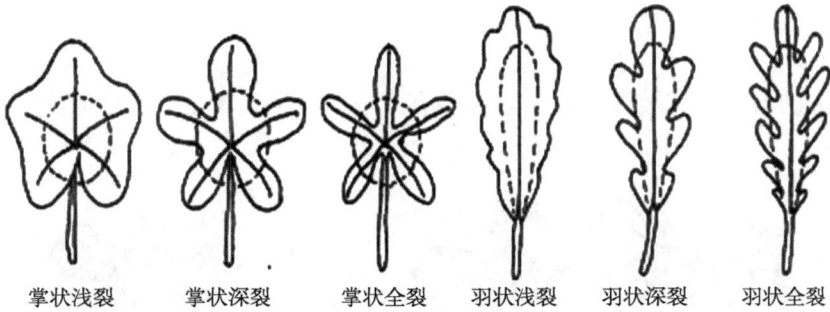

掌状浅裂　　掌状深裂　　掌状全裂　　羽状浅裂　　羽状深裂　　羽状全裂

图 1-3-6　叶裂的形状

（图中虚线为叶片一半的界限）

（6）叶脉的类型

根据叶脉在叶片上的分布方式，可以分为网脉和平行脉两种类型，叶脉的类型见图 1-3-7。

羽状网脉　　　　　掌状网脉　　　　　平行脉

图 1-3-7　叶脉的类型

1.3.3　单叶和复叶

一个叶柄上所生叶片的数目因植物不同而异。将一个叶柄上只着生一个叶片的称为单叶；将有二至多个叶片着生在一个总叶柄上的称为复叶。

根据总叶柄上小叶着生的方式和数目，可以将复叶分为三出复叶、掌状复叶、羽状复叶和单生复叶四种，复叶的类型见图 1-3-8。

三出复叶　　　　掌状复叶　　　　羽状复叶　　　　单生复叶

图 1-3-8　复叶的类型

1.3.4 叶序

叶在茎上的着生方式被称为叶序。叶序有互生、对生、轮生、簇生等类型，叶序的类型见图1-3-9。

| 互生 | 对生 | 轮生 | 簇生 |

图1-3-9 叶序的类型

1.3.5 叶的变态

叶的可塑性较大，易受外界环境的影响，发生的变态种类较多。常见叶的变态有如下几种类型，叶的变态类型也可见图1-3-10。

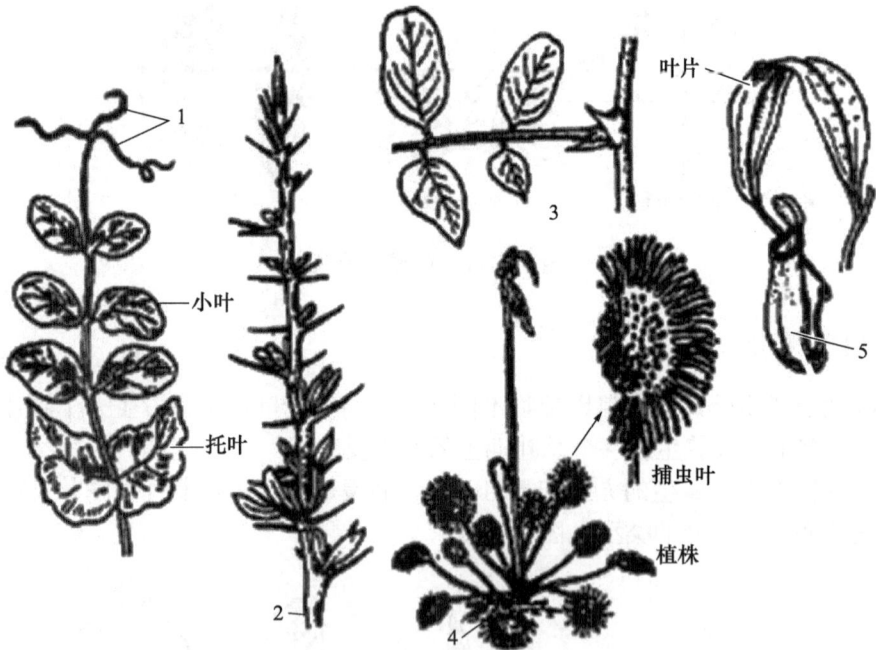

图1-3-10 叶的变态类型

1—豌豆的叶卷须；2—小檗的叶刺；3—刺槐的托叶刺；4—茅膏菜的植株及捕虫叶；5—猪笼草的捕虫囊（叶柄的变态）

（1）鳞叶

叶特化成鳞片状，是鳞叶。鳞叶有两种情况：一种是木本植物的鳞芽外的鳞叶，呈褐色，具绒毛或黏液，如杨树的叶，有保护芽的作用，又称为芽鳞。另一种是地下茎上的鳞叶，有肉质和膜质两类。肉质叶出现在鳞茎上，鳞叶肥厚多汁、营养丰富，有些可以食用，如洋葱、百合等。膜质的鳞叶呈褐色，干膜状，是退化的叶，如球茎（荸荠、慈姑）、根茎（藕、竹鞭）上的叶及洋葱外层呈膜质的鳞片包被。

（2）叶刺

各种仙人掌的叶、小檗长枝上的叶、洋槐的托叶变为刺，刺位于托叶位置，极易分辨。

（3）叶卷须

豌豆的羽状复叶，先端的一些叶片变成卷须，菝（bá）葜（qiā）的托叶变成卷须。这些都是叶卷须，有攀援作用。

（4）苞片和总苞

苞片是生在花下面的变态叶。苞片一般较小，呈绿色，但也有的较大，呈现各种不同的颜色。

棉花的花最外层的苞片（副萼）有3个。苞片叶数多而聚生在花序外围的，称为总苞。总苞有保护花和果实的作用，如菊科植物向日葵的总苞在花序的外围，它的形态大小、色泽和排列轮数，可作为鉴定植物种类的依据之一。蕺（jí）菜（鱼腥草）、珙桐有白色花瓣状总苞，有吸引昆虫帮助传粉的作用。苍耳的总苞呈束状，包住果实，上生细刺，可附着在动物体上，有利于果实的传播。

（5）捕虫叶

有些植物具有能捕食小虫的变态叶，也叫捕虫叶。具有捕虫叶的植物，也叫食虫植物或肉食植物。捕虫叶有囊状（如狸藻）、盘状（如茅膏菜）和瓶状（猪笼草）。狸藻是多年生水生植物，长在池沟中，它的捕虫叶膨大呈囊状，每囊有一个开口，并由一个活瓣保护，活瓣只能向内开启，外表面具有硬毛。小虫触及硬毛时，活瓣开启，小虫随水流入，活瓣又关闭。

（6）叶状柄

有些植物的叶片不发达，而叶柄转变为扁平的片状，并具有叶的功能，称为叶柄状。我国广东、台湾的相思树，仅在幼苗时出现几片正常的羽状复叶，以后产生的叶，其小叶完全退化，仅具叶状柄。

1.4　植物的花

被子植物种子萌发后，经过一定时期的营养生长，满足光照、温度等因素的要求，以及经某些激素的诱导作用后，在茎上孕育着花原基并发育成花。从植物系统进化和植物形态学的角度来看，花实际上是一种不分枝且节间短缩的、适于生殖的变态短枝。花柄是枝条的一部分，花托是花柄顶端略为膨大的部分，花萼、花冠、雄蕊和雌蕊是着生于花托上的变态叶。

在植物的个体发育中，花的分化标志着植物从营养生长进入了生殖生长。花是被子植物特有的有性生殖器官，是形成雌雄生殖细胞和进行有性生殖的场所。被子植物通过花器官完成受精、结果、产生种子等一系列有性生殖过程，以繁衍后代、延续种族。同时，花和果实是受环境变化影响最小的，所以在被子植物分类上十分重视花的形态。花还有高度的美学观赏价值，果实和种子在食物生产上又极为重要。

1.4.1　花的发生和组成

（1）花的发生

花和花序来源于花芽。花芽和叶芽一样，也是由茎的生长锥逐渐分化而来。当植物生长发育到一定阶段，在适宜的环境条件下（如适宜的光、温度、营养条件等），植物茎顶端的分生组织会发生一系列的细胞学变化，茎的生长锥不再分化形成叶原基、腋芽原基，而是分化产生花原基或花序原基，逐渐形成花的各组成部分，进而分化为花或花序。这一过程称为花芽分化。分化的结果自外向内分别是花萼原基、花冠原基、雄蕊原基和雌蕊原基。

花芽分化的好坏直接影响植物的开花质量和结果质量。花芽分化时期需要适宜的外界环境条件，充足的水分、适宜的温度、良好的光照等有利于花芽的形成。在植物的栽培过程中可以按照不同植物的要求，在花芽分化前或分化中的某一阶段，采取相应的措施，如通过修剪、水肥控制、生长调节剂等技术的运用，为花芽分化创造有利条件，以提高植物的观赏价值或产量。

（2）花的组成

一朵典型的花由花柄、花托、花萼、花瓣、雄蕊、雌蕊等几部分组成（图1-4-1）。花柄由枝条逐渐缩短变态而来，花萼、花瓣、雄蕊、雌蕊则由枝条上的叶演变而来。所以从来源上讲，花是适应于生殖的变态短枝。

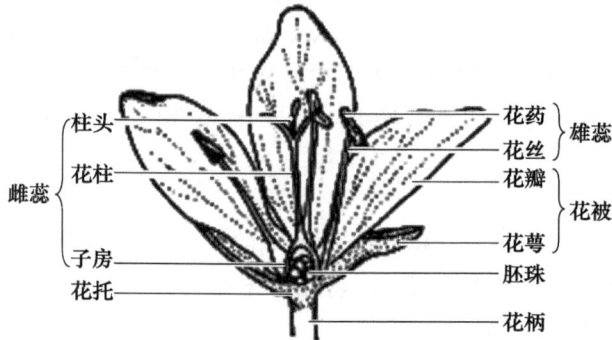

图 1-4-1　花的组成

花的各部分都着生在花柄顶端膨大的花托上，花萼、花瓣、雄蕊、雌蕊都具备的花可称为完全花，缺少上述任何一部分的花，被称为不完全花。

1.4.2　花的形态类型

（1）花冠的类型

花冠位于花萼的内轮，由若干花瓣组成，通常排成一轮，少数为数轮。多数植物的花瓣，由于细胞内含有花青素或有色体而呈现各种鲜艳的颜色，有的花瓣还能分泌蜜汁和散发香味。所以，花冠除具有保护雄蕊、雌蕊的作用外，还具有招引昆虫帮助传粉的功能。花冠的类型见图1-4-2。

（2）雄蕊群

将一朵花内所有的雄蕊总称为雄蕊群，雄蕊的数目随植物的种类而异。雄蕊位于花冠

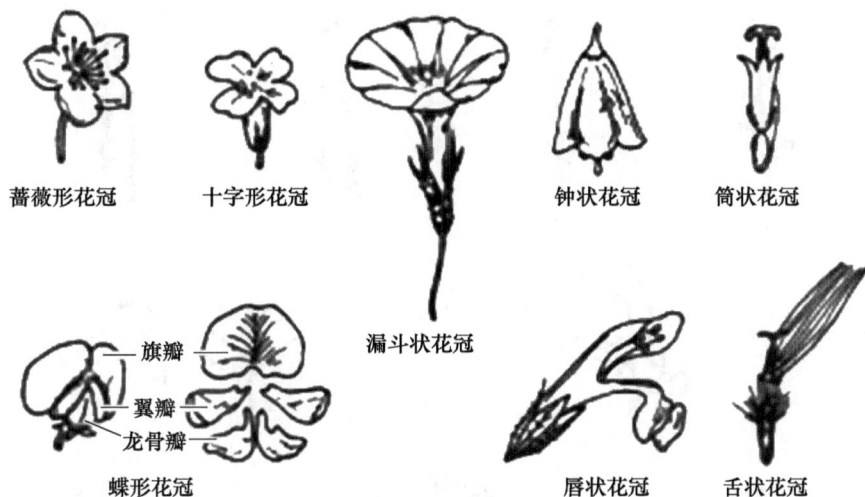

蔷薇形花冠　　　十字形花冠　　　　　　　钟状花冠　　　筒状花冠

旗瓣
翼瓣
龙骨瓣
蝶形花冠　　　　漏斗状花冠　　　　唇状花冠　　　舌状花冠

图 1-4-2　花冠的类型

的内侧，是花的重要组成部分之一，由花药、花丝两部分组成。花丝细长，基部着生在花托或贴生在花冠内侧下。花药着生于花丝的顶端，呈囊状，可产生大量花粉颗粒。根据雄蕊的离合情况，可分为两种类型：

①离生雄蕊：花中全部雄蕊彼此分离，如蔷薇、石竹。

②合生雄蕊：花中各雄蕊形成不同程度的连合。

（3）雌蕊群

将一朵花内所有的雌蕊总称为雌蕊群。雌蕊位于花的中央，由柱头、花柱和子房三部分构成。构成雌蕊的基本单位叫心皮，心皮是具有生殖功能的变态叶。心皮边缘的结合处，叫腹缝线；叶片的中脉部位，叫背缝线。种子的前身——胚珠着生在腹缝线上。

柱头位于雌蕊顶部，常膨大或扩展成各种形状，是接受花粉的地方。柱头的形状，各种植物不尽相同，有的呈头状，如油菜；有的呈羽毛状，如小麦、水稻；而棉花的柱头呈3～5裂。

花柱是连接柱头与子房的部分，内有花粉管进入子房的通道，其形状、长短因植物不同而不同，如南瓜的花柱粗短，玉米的花柱却细长如丝。

子房是雌蕊最重要的部分，外为子房壁，内为一个或多个子房室，如大豆为1室，棉花为3～5室。子房室内有一至多个胚珠，受精后子房发育成果实，里面的胚珠发育成种子。

不同种类的植物，雌蕊的类型、子房位置及胎座类型常不相同。

1.4.3　花序及其类型

有些植物的花是单独着生于叶腋或枝顶，叫单生花，如棉花、桃、荷花等。但大多数植物是许多花着生于一个分枝或不分枝的总花柄（花轴）上。花在花轴上有规律的排列方式，被称为花序。花序轴上着生的变态叶，叫苞片；在花序基部集生的苞片，叫总苞。根据花轴长短、分枝与否、开花顺序及有无花柄，可把花序分为无限花序和有限花序两大类型。花序的类型见图 1-4-3。

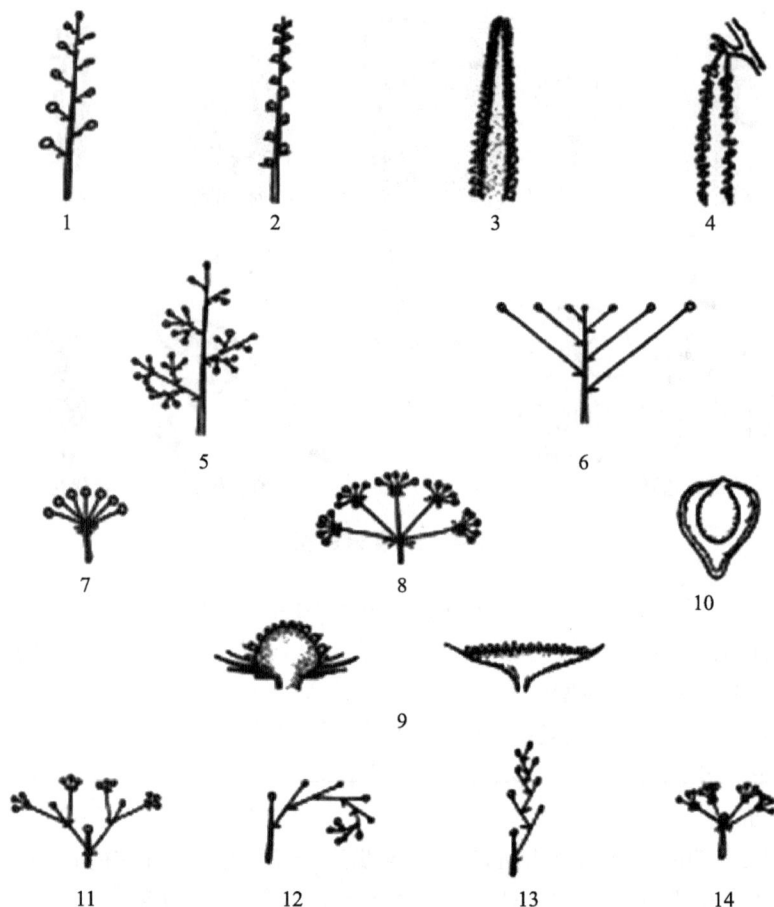

图 1-4-3　花序的类型

1—总状花序；2—穗状花序；3—肉穗状花序；4—荑荑花序；5—圆锥花序；6—伞房花序；
7—伞形花序；8—复伞形花序；9—头状花序；10—隐头花序；11~14—聚伞花序

（1）无限花序（总状类花序）：花轴顶端可以继续生长，花由花轴的下部先开，渐及上部；或花轴较短，其边缘的花先开，渐及中央。常见的无限花序有以下几种。

1）总状花序：花轴长，不分枝，花柄近于等长的花侧，生于花轴上。

2）复总状花序：又称圆锥花序，花轴分枝，每个分枝为一个总状花序。

3）穗状花序：花轴长，不分枝，花无柄或柄极短。如穗状花序的花轴肥大肉质化，则称为肉穗花序，基部常为总苞所包围。

4）伞房花序：花柄不等长，下部的花柄长，上部的花柄渐短，全部花排列近似在一个平面上。

5）伞形花序：很多花柄近于等长的花集生于花轴的顶端，各花排列成圆顶形或开伞形，开花顺序是由外向内。

6）复伞形花序：花轴顶端分枝，每一分枝为一伞形花序。

7）荑荑花序：许多无柄或短柄的单性花排列于一细长而柔软下垂的花轴上，开花后整个花序或果序一起脱落。

8）头状花序：花轴短或宽大，其上着生无柄或近无柄的花，绝大多数头状花序外面具有总苞。

9）隐头花序：花轴顶端膨大，向内凹陷如囊状，许多无柄或短柄的花着生于囊状体的内壁上。

（2）有限花序（聚伞类花序）：花序顶端或中心的花先形成，开花的顺序是由上而下或由内而外。有限花序可分为以下几种类型：

1）单歧聚伞花序：主轴顶端先开一花，然后由下面的苞腋中发出一侧枝；侧枝生长一段时间后，枝端又开一花，如此反复，形成一合轴分枝式的花序轴。根据分枝排列的方式，分为蝎尾状聚伞花序和螺旋状聚伞花序。

2）二歧聚伞花序：主轴顶端花下有两个苞片，每个苞腋中同时发出一个分枝，如此反复分枝。

3）多歧聚伞花序：主轴顶端花下有 3 个及 3 个以上苞片，每个苞腋中同时发出一个分枝，各分枝又形成一小的聚伞花序。

在自然界中，有些植物是有限和无限花序混生，如葱、韭是伞形花序，但中间的花先开，又有有限花序的特点；水稻是圆锥花序，但上部枝梗的花先开，下部枝梗的花后开，每一个枝梗上又是顶端的花先开，以后由下而上顺序开花，也有有限花序的特点。

1.4.4　花与植株的性别

（1）花的性别

一朵花中同时具有雄蕊和雌蕊的花，叫两性花，如小麦、水稻、大豆、苹果的花。只有雌蕊或雄蕊的花，叫单性花。单性花中，只有雄蕊的叫雄花，只有雌蕊的叫雌花。雄蕊和雌蕊都没有的，叫无性花或中性花，如向日葵花序边缘的舌状花。

（2）植株的性别

单性花植物，雌花和雄花生在同一植株上的，叫雌雄同株，如玉米、蓖麻。雌花和雄花分别生于不同植株上的，叫雌雄异株，如银杏、杨、柳、菠菜。只有雄花的植株，叫雄株；只有雌花的植株，叫雌株。如果一株植物上既有两性花，又有单性花或无性花的，叫杂性同株，如柿、荔枝、向日葵。

1.4.5　植物的开花习性及开花期

（1）开花

当植物生长发育到一定阶段，雄蕊的花粉粒和雌蕊的胚囊达到成熟，或两者之一成熟时，花被展开，露出雌、雄蕊的现象，叫开花。开花是被子植物生活史上的一个重要阶段，除少数闭花授粉的植物外（如豌豆），开花是绝大多数植物性成熟的标志。

（2）植物的开花习性

不同植物有不同的开花习性，一二年生的植物一般生长几个月就能开花，一生中仅开花一次，开花结果后整株枯死。多年生植物在达到开花年龄后，每年都能开花；也有少数多年生植物，一生只开一次花，开花后即死亡，如竹子。一般的植物一年开花一次，茉莉、凤尾兰等一年可以开花多次。一般植物大多先展叶后开花，而在冬季和早春开花的植物，先花后叶或花叶同放的现象也颇为常见。一朵花从开放至凋谢的时间一般都很短，如昙花仅能维持几小时，故有"昙花一现"之说。但在热带地区，某些兰花可连续开放 1～2 个月。

桃花等开花时间集中，观花的时间就很短；月季等植物逐月都能开花，观花期就很长。大多数植物都在白天开花，如牵牛花等，而紫茉莉在傍晚开花。

（3）开花期

植株从第一朵花开放，到最后一朵花开毕所持续的时间，叫开花期。在某一地区，各种植物都有其相对稳定的开花期。虽然每年因气候条件的变化而稍有提前或推迟，但这种变动的幅度很小。我国长江流域一年 12 个月都有代表性的花木开花，如正月梅花、二月杏花、三月桃花、四月牡丹、五月石榴、六月荷花、七月凤仙、八月桂花、九月芙蓉、十月菊花、十一月蜡梅、十二月水仙等（均以农历为准）。掌握植物的开花习性，可巧妙地布置园林植物，达到一年常青、四季开花的目的。

1.4.6　花的观赏

植物的花朵形状各异、大小有别、色彩鲜艳、芬芳味香，各种类型的花序形成了不同的观赏效果。

玉兰一树干花，亭亭玉立；荷花高洁丽质，雅而不俗，香而不浓；梅花姿容、色彩、香味三者兼有，"一树独先天下春"；牡丹盛春怒放，朵大色艳，气势豪放；夏榴红似火，金桂仲秋黄；隆冬山茶吐艳，蜡梅飘香；而六月雪，那繁密的小白花给人以玲珑清雅的感觉，像一幅恬静自然的图画；花丝金黄，雄蕊长长地伸出花冠之外的金丝桃，独具一格；朵朵红花垂于枝叶间的吊金钟，好似古典的宫灯；具有白色巨苞的珙桐花，宛若群鸽栖止枝梢。而珍珠梅、绣球花等，排成庞大的花序，也具有大花种类的美感。花的观赏效果还与花在树上的分布、叶簇的陪衬等有密切关系。先叶开花植物，在开花时，叶片尚未展开，全树只见花不见叶，花感强烈，如梅花、白玉兰、贴梗海棠等；展叶后才开花的植物，全树花叶相衬，有丽而不艳、秀而不媚之效，如山茶花、石榴、牡丹等。一些花形奇特的种类，如鹤望兰、兜兰、飘带兰等，极具吸引力。还有些花散发浓浓香味，如白兰花、木香、桂花、月季、含笑、夜合欢、茉莉花、米兰、柑橘等。

1.5　植物的果实

1.5.1　果实的发育与结构

被子植物经开花传粉和受精后，花的各部分发生显著变化。通常花瓣凋谢，花萼枯萎（少数植物的花萼宿存），雄蕊和雌蕊的柱头和花柱也都枯萎，仅子房连同其中的胚珠生长膨大，发育形成果实。一般情况下，植物的果实仅由子房发育形成，这种果实称为真果，如桃、杏等。有些植物的果实，除子房壁外，还有花托、花筒甚至花序轴也参与果实的形成，将这种果实称为假果，如梨、苹果、瓜类、无花果和凤梨（菠萝）等。果实包括种子和果皮两部分，果皮的构造可分为外果皮、中果皮、内果皮三层（图 1-5-1）。但由于植物种类不同，果皮的结构、色泽、质地以及各层发育的程度变化是很大的，有时不易被区分。

外果皮上常有气孔、角质、蜡被、表皮毛等。中果皮很厚，在结构上各种植物的中果皮的差异很大，有的植物的中果皮成为果实中的肉质可食部分，如桃、杏、李；有些植物，如荔枝、花生、蚕豆，果实成熟时，中果皮常变干收缩，成为膜质或革质，或为疏松的纤维状。内果皮的变化也很大，有的内果皮里生出很多大而多汁的汁囊，如柑橘、柚子；有的内果皮细胞木质化加厚，如桃、李、核桃；有的内果皮在果实成熟时，细胞分离成浆状，如葡萄、番茄。

假果的结构相对复杂，除了子房壁形成的果皮外，还有其他部分参与果皮的形成。如苹果、梨的可食部分，主要由花托（托杯）发育而来，而真正的果皮，即外、中、内三层果皮位于果实中央的托杯内，所占的比例很小，内果皮以内为种子，果实的横、纵切面（苹果）见图 1-5-2。

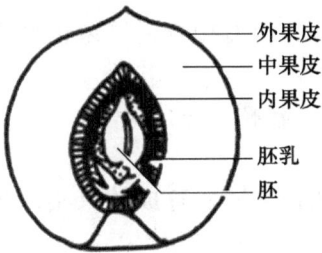

图 1-5-1　外果皮、中果皮、内果皮三层　　　图 1-5-2　果实的横、纵切面（苹果）

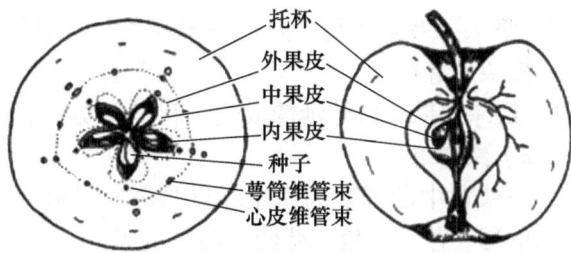

1.5.2　果实的类型

（1）单果

一朵花中的一个雌蕊（单雌蕊或复雌蕊）所形成的果实叫单果。单果分为肉果和干果两类。

1）肉果：果皮肉质化，肥厚多汁。

① 浆果：由一至多个心皮的雌蕊发育而成。外果皮薄，中、内果皮多汁，有的难分离，皆肉质化，如柿子、葡萄、番茄等。

② 核果：外果皮薄，中果皮肉质化，内果皮坚硬木质化成果核，包在种子的外面，所以称之为核果，如桃、梅、杏、李等。

③ 梨果：花托强烈膨大和肉质化，并与果皮愈合，外果皮和中果皮肉质化，无明显界限，内果皮呈革质，如梨、苹果。

④ 柑果：外果皮和中果皮无明显分界，或中果皮较疏软，并有很多维管束，中间隔成瓣的是内果皮，向内生有许多肉质多浆的肉囊，是可食用的主要部分，如柑橘、柚。

⑤ 瓠果：由下位子房的复雌蕊和花托共同发育而成，花托和外果皮结合为坚硬的壁，中果皮和内果皮肉质化，胎座也肉质化，如南瓜、冬瓜等瓜类的果实。西瓜的胎座特别发达，是可食用的主要部分。瓠果为葫芦科植物所特有。

2）干果：果实成熟时果皮干燥，根据果皮开裂与否，可分为裂果和闭果。

裂果：

① 荚果：由单雌蕊发育而成的果实，成熟后果皮沿背缝线和腹缝线两边开裂，如豆科

植物的果实。但少数豆科植物的荚果不开裂，如槐树、黄檀、豌豆。

②蓇葖果：由单雌蕊的子房发育而成，果实成熟时仅沿一个缝线开裂（背缝线或腹缝线），如梧桐、牡丹、芍药等。

③角果：由两心皮组成，具假隔膜，成熟时从两腹缝线开裂。有长角果和短角果之分，如萝卜、油菜是长角果，荠菜、独行菜是短角果。角果为十字花科植物所特有。

④蒴果：由复雌蕊构成的果实，成熟时以多种方式（被裂、腹裂、盖裂、孔裂等）开裂，如棉花、乌桕、罂粟。

闭果：

1）瘦果：只含一粒种子，果皮与种皮易分离，如向日葵。

2）颖果：与瘦果相似，但果皮与种皮愈合，因此常将果实误认为种子，如小麦、玉米等。

3）坚果：果皮坚硬，内含一粒种子，果皮与种皮分离，有些植物的坚果包藏于总苞内，如板栗、麻栎等。

4）翅果：果皮向外延伸成翅，利于果实传播，如臭椿、榆树、三角枫等。

（2）聚合果

由一朵花中的许多离生单雌蕊聚集在花托上，并与花托共同发育成的果实，叫聚合果，如草莓、莲、八角、芍药、白玉兰等。

（3）聚花果

一些植物的果实是由整个花序发育而成的，称为聚花果，也叫复果。如桑葚来源于一个雌花序，菠萝的果实由多花聚生在肉质花轴上发育而成，无花果的肉质花轴内陷呈囊状，囊的内壁上生有许多小坚果。

1.5.3　果实的观赏

许多果实既有很高的经济价值，又有突出的美化作用。

在园林中适当配置一些观赏果树，美果盈枝，可以给人以丰富繁荣的感受，尤其在秋季，园林花卉渐少，树叶也将凋落，如配以果树，可增添园林中的色彩美。"一年好景君须记，最是橙黄橘绿时"，苏轼这首诗所描绘的美妙景色，正是果实所表达的色彩效果。

果实的形状一般以奇、巨、丰为佳。奇是指形状奇异有趣，如铜钱树的果实形似铜钱；象耳豆的荚果弯曲，两端浑圆犹如象耳一般；腊肠树的长圆柱状荚果悬垂在树上，犹如香肠；秤锤树的果实如秤锤；紫珠的果实宛若晶莹剔透的紫色小珍珠。有些种类的果实可赏，种子富于诗意，如蝶形花科红豆树属植物的种子红艳晶莹。巨是指果形大，如柚子；或果虽小，但果色鲜艳，果穗较大，可达到"引人注目"之效。丰是指全树的果实或果穗数量丰盛，因而具有较高的观赏价值。果实不仅可赏，还有招引鸟类及兽类的作用，可给园林带来生动活泼的意趣。不同的果实可招来不同的鸟，如小檗易招来黄连雀、乌鸦、松鸡等，红瑞木一类的树则易招来知更鸟等，而南方的鸭脚木、山乌桕可招来白头翁。儿童最喜欢色彩鲜艳、果实累累的环境，布置精美的观赏果园可使儿童流连忘返，但应注意避免使用具有毒性的果实种类。

第2章 植物生态基本知识

2.1 生态学基础

生态学是研究生物生存条件、生物及其群体与环境相互作用的过程及其相互规律的科学，其目的是指导人与生物圈（即自然、资源与环境）的协调发展。

园林生态是继承和发展传统园林的经验，遵循生态学的原理，建设多层次、多结构、多功能的科学植物群落，建立人类、动物、植物相联系的新秩序，达到生态美、科学美、文化美和艺术美。应用系统工程发展园林，使生态、社会和经济效益同步发展，实现良性循环，为人类创造清洁、优美、文明的生态环境。

2.2 植物与生态因子的关系

生态因子是指环境中对生物的生长、发育、生殖、行为和分布等有着直接或间接影响的环境要素，如光照、温度、水分、食物和其他相关生物等。对生态因子中生物生存所不可缺少的环境要素，也可称为生物的生存因子。

2.2.1 生态因子的分类

生态因子的类型多种多样，分类方法也不统一。简单、传统的方法是把生态因子分为生物因子和非生物因子。前者包括生物种内和种间的相互关系；后者则包括气候因子、土壤因子、地形因子等。

（1）气候因子

气候因子也称地理因子，包括光、温度、水分、空气等。根据各因子的特点和性质，还可再细分为若干因子。如光因子可分为光强、光质和光周期等，温度因子可分为平均温度、积温、节律性变温和非节律性变温等。

（2）土壤因子

土壤是气候因子和生物因子共同作用的产物，土壤因子包括土壤结构、土壤的理化性质、土壤肥力和土壤生物等。

（3）地形因子

地形因子如地面的起伏、坡度、坡向、阴坡和阳坡等，通过影响气候和土壤，间接影响植物的生长和分布。

（4）生物因子

生物因子包括生物之间的各种相互关系，如捕食、寄生、竞争和互惠共生等。

（5）人为因子

把人为因子从生物因子中分离出来是为了强调人的作用特殊性和重要性。人类活动对自然界的影响越来越大，且越来越带有全球性，分布在地球各地的生物都直接或间接受到人类活动的巨大影响。

2.2.2　生态因子的作用特点

（1）综合性

每一个生态因子都是在与其他因子的相互影响、相互制约中起作用的，任何因子的变化都会在不同程度上引起其他因子的变化。例如，光照强度的变化必然会引起大气和土壤温度、湿度的改变，这就是生态因子的综合作用。

（2）非等价性

对生物起作用的诸多因子是非等价的，其中有 1～2 个是起主要作用的主导因子。主导因子的改变常会引起其他生态因子发生明显变化，或使生物的生长发育发生明显变化，如光周期现象中的日照时间和植物春化阶段的低温因子就是主导因子。

（3）不可替代性和可调剂性

生态因子虽非等价，但都不可缺少，一个因子的缺失不能由另一个因子来代替。但某一因子的数量不足，有时可以由其他因子来补偿。例如，光照不足所引起的光合作用下降，可由 CO_2 浓度的增加得到补偿。

（4）阶段性和限制性

生物在生长发育的不同阶段往往需要不同的生态因子或需要生态因子的不同强度。例如，低温对冬小麦的春化阶段是必不可少的，但在其后的生长阶段则是有害的。那些对生物的生长、发育、繁殖、数量和分布起限制作用的关键性因子叫限制因子。

2.3　植物种群

2.3.1　概念

种群是在同一时期内占有一定空间的同种生物个体的集合。自然种群具有以下三个特征：

（1）空间特征：种群具有一定的分布区域和分布形式。

（2）数量特征：每单位面积（或空间）上的个体数量（即密度）将随时间而发生变动。

（3）遗传特征：种群具有一定的基因组成，即一个基因库，以区别于其他物种，但基因组成同样是处于变动之中的。

2.3.2　种群的统计特征

（1）出生率

（2）死亡率

（3）迁入率和迁出率

（4）年龄结构和性别比

2.3.3　种群的空间分布

由于自然环境的多样性，以及种内、种间个体之间的竞争，每一种群在一定空间中都会呈现出特有的分布形式。一般来说，种群分布的状态和形式，可分为三种类型：（1）随机型；（2）均匀型；（3）聚集型。

2.3.4　植物种群的种内及种间关系

（1）种内关系

1）密度效应：密度增加所引起的邻接个体之间的相互作用。种群密度越大，邻接植株间的距离就越小，植株彼此之间竞争光、水、营养物质等资源的强度就越强烈。

2）化感作用：亦称异种抑制作用。指植物分泌一种能抑制其他植物生长的化学物质的现象。

（2）种间关系

1）种间竞争：正负间的相互作用，分为直接干涉型和资源利用型。

2）偏利作用：许多一年生植物总是与某一种灌木紧密联系在一起形成庇护群。

3）互利共生：典型的互利共生往往指合体共生。

4）协同进化：捕食者与被捕食者、寄生者与寄主存在着对立统一的关系，处于协同进化的关系。

2.4　植物群落

2.4.1　概念

群落（生物群落）指一定时间内居住在一定空间范围内的生物种群的集合。它包括植物、动物和微生物等各个物种的种群，共同组成生态系统中有生命的部分。生物群落＝植物群落＋动物群落＋微生物群落。植物群落主要研究植物群落的结构、功能、形成、发展，以及与所处环境的相互关系。

2.4.2　植物群落结构

（1）群落的垂直结构

群落的垂直结构主要指群落的分层现象。陆地群落的分层与光的利用有关。森林群落从上往下，依次可被划分为乔木层、灌木层、草本层和地被层等层次。在层次划分时，将不同高度的乔木幼苗划入实际所逗留的层中。

群落中，有一些植物，如藤本植物和附、寄生植物，它们并不形成独立的层次，而是分别依附于各层次直立的植物体上，被称为层间植物。

水热条件越优越，群落的垂直结构越复杂，动物的种类也就越多。如热带雨林的垂直成层结构，比亚热带常绿阔叶林、温带落叶阔叶林和寒温带针叶林要复杂得多，其群落中动物的物种多样性也远比上述三种群落要丰富得多。

（2）群落的水平结构

群落的水平结构的形成主要与构成群落的成员分布状况有关。大多数群落中，各物种常形成高密度集团的斑块状镶嵌。

2.4.3　群落交错区与边缘效应

群落交错区又称为生态交错区或生态过渡带，是两个或多个群落之间（或生态地带之间）的过渡区域。如森林和草原之间的森林草原过渡带，水生群落和陆地群落之间的湿地过渡带。

群落交错区是一个交叉地带，或是种群竞争的紧张地带。发育完好的群落交错区可包含相邻两个群落共有的物种，以及群落交错区特有的物种。在这里，群落中物种的数目及一些种群的密度往往比相邻的群落大。群落交错区种的数目及一些种的密度有增大的趋势，这种现象可称为边缘效应。但值得注意的是，群落交错区物种密度的增加并非是普遍的规律。事实上，许多物种的出现恰恰相反，例如在森林边缘交错区，树木的密度明显比群落密度要小。

2.4.4　植物群落演替

演替是一个群落被另一个群落所取代的过程，它是群落动态的一个最重要的特征。演替导向稳定性是群落生态学一个首要和共同的法则。

2.4.5　植物群落的类型

植物群落的划分是以植被的分类为基础的，地球上的植被类型虽然很复杂，但在陆地上呈大面积分布的地带性植物群落主要有以下几类：

1）森林：热带雨林、常绿阔叶林、落叶阔叶林、北方针叶林。

2）草原：稀树草原、草原、荒漠、苔原。

2.5　生态系统

2.5.1　概念

生物群落与其生存环境之间，以及生物种群相互之间密切联系、相互作用，通过物质交换、能量转换和信息传递，成为占据一定空间，具有一定结构，执行一定功能的动态平衡整体，即生态系统。

2.5.2　生态系统组分及结构

生态系统组分，无论是在陆地，还是在水域，或大或小，都可以概括为生物组分和环境组分两大组分。

（1）生物组分

多种多样的生物在生态系统中扮演着重要的角色。根据生物在生态系统中发挥的作用和地位，可分为生产者、消费者和分解者。

1）生产者。又称初级生产者，指自养生物，主要指绿色植物，也包括一些化能合成细菌。这些生物能利用无机物合成有机物，并把环境中的太阳能以生物化学能的形式固定到生物有机体中。初级生产者也是自然界生命系统中唯一能将太阳能转化为生物化学能的媒介。

2）大型消费者。指以初级生产的产物为食的大型异养生物，主要是动物。

3）分解者。指利用动植物残体及其他有机物为食的小型异养生物，主要有真菌、细菌、放线菌等微生物。

（2）环境组分

1）辐射。其中来自太阳的直射辐射和散射辐射是最重要的辐射成分，通常被称为短波辐射。辐射成分里还有来自各种物体的热辐射，被称为长波辐射。

2）大气。空气中的二氧化碳和氧气与生物的光合和呼吸关系密切，氮气与生物固氮有关。

3）水体。环境中水体的可能存在形式有湖泊、溪流、海洋等，也可以地下水、降水的形式出现。水蒸气弥漫在空中，水分也渗透在土壤之中。

4）土体。泛指自然环境中以土壤为主体的固体成分，其中土壤是植物生长的最重要基质，也是众多微生物和小动物的栖息场所。自然环境通过其物理状况（如辐射强度、温度、湿度、压力、风速等）和化学状况（如酸碱度、氧化还原电位、阳离子、阴离子等）对生物的生命活动产生综合影响。

2.5.3　生态系统的食物链和食物网

（1）食物链

亦称营养链，是生态系统中各种生物为维持其本身的生命活动，必须以其他生物为食物的由生物关联起来的关系。

（2）食物网

生态系统中的食物营养关系是很复杂的。由于一种生物常常以多种食物为食，而同一种食物又常常被多种消费者取食，因此食物链交错，多条食物链相连，就形成了食物网。食物网不仅维持着生态系统的相对平衡，还推动着生物的进化，成为自然界发展演变的动力。这种以营养为纽带，把生物与环境、生物与生物紧密联系起来的结构，是生态系统的营养结构。

2.5.4　生态系统的功能

（1）生态系统能量流动

能量在生态系统中以多种形式存在：

1）辐射能。来自光源的光子以波状运动形式传播的能量，在植物光化学反应中起着重要的作用。

2）化学能。化合物中贮存的能量，它是生命活动中基本的能量形式。

3）机械能。运动着的物质所含有的能量，动物能够独立活动就是基于其肌肉所释放的机械能。

4）电能。电子沿导体流动时产生的能量，电子运动对生命有机体的能量转化是非常重要的。

5）生物能。凡参与生命活动的任何形式的能量均是生物能。

生态系统中能量流动的主要路径为：能量以日光形式进入生态系统，以植物贮存能量，沿着食物链和食物网流动，通过生态系统，以动物、植物中的化学潜能形式贮存在生态系统中；或作为产品输出，离开生态系统；或经消费者和分解者生物有机体的呼吸，释放热能离开生态系统。生态系统是开放的系统，某些物质还可通过生态系统的边界输入，如动物迁移、水流的携带、人为的补充等。生态系统能量的流动是单一方向的，能量以光能的状态进入生态系统后，就不能再以光的形式存在，而是以热的形式不断逸散到环境中。能量在生态系统中的流动，很大部分被各个营养级的生物利用，通过呼吸作用以热的形式散失。散失到空间的热能不能再回到生态系统参与流动。

从太阳辐射能到被生产者固定，再经植食动物，到肉食动物，再到大型肉食动物，能量是逐级递减的，这是因为：① 各营养级消费者不可能百分之百地利用前一营养级的生物能量；② 各营养级的同化作用也不是百分之百的，总有一部分不被同化；③ 生物在维持生命的过程中进行新陈代谢，总要消耗一部分能量。

（2）生态系统物质循环

物质不灭定律认为，化学方法可以改变物质的成分，但不能改变物质的量，即在一般的化学变化过程中，察觉不到物质在量上的增加或减少。质能守恒定律认为，世界不存在没有能量的物质质量，也不存在没有质量的物质能量。质量和能量作为一个统一体，其总量在任何过程中都保持不变的守恒。

第3章 园林树木

3.1 园林树木的生长发育规律与生长

3.1.1 生命周期概念

生命周期是指从繁殖开始，经幼年、成年、衰老，直至死亡的全过程。

3.1.2 实生树的生命周期

由两个明显的发育阶段组成，即幼年阶段与成年阶段。

（1）幼年阶段：种子萌发至具有开花潜能之前。

（2）成年阶段：具有开花潜能至衰老死亡。

（3）幼年阶段与成年阶段并存：实生大树一般主干及根部萌生的枝条为幼年阶段，不能成花；树冠外围枝条虽然枝条龄小，但处于成年阶段，可以成花。

3.1.3 营养繁殖树的生命周期

营养繁殖树不经过种子萌发阶段，通常都是以经历了幼年阶段的材料进行繁殖，所以它只有成年阶段及老化过程，而无幼年阶段。

3.1.4 树木的年周期

年周期是指一年中经历的生命过程。

（1）落叶树的年周期

生长期—过渡期（生长转入休眠期）—休眠期—过渡期（休眠转入生长期）

过渡期是树木生理转折时期，历期虽短，对外界环境变化却极为敏感，特意把它们从生长期和休眠期中区分出来，是为了引起重视。

（2）常绿树的年周期

常绿树的各个物候特征不十分明显，但在北方可见到生长量的变化。一般春季可见萌发新芽、抽发嫩枝、展开幼叶等，夏秋季则枝叶生长量明显下降，冬季基本见不到生长。常绿树落叶周期一般在一年以上，而且落叶不是短期内全部同时脱落。

3.1.5 树木各器官的生长发育

（1）根系的生长

1）影响根系生长的因素

根际土壤温度、水分、通气、养分等状况对根系生长的影响（前两项有适宜范围）；树体营养如地上部分光合作用提供养分能力对根系生长的影响（具正相关性）。

2）根系的年生长动态

春季根系出现一个生长高峰，生长量与生长势由上一年树体贮存的养分多少决定；夏季根系生长趋缓，主要因为地上生长量大，消耗养分多，供给根系少；秋季根系生长量达到最高峰，而地上部分生长趋缓，光合作用产物大量供给根系；冬季松柏类根系停止生长，阔叶树在粗度上缓慢生长。

有些树种一年内仅有一次生长高峰，如柿树、油松等；有些树种一年内有两次以上生长高峰，如美国山核桃、侧柏幼苗等。

3）根系的生命周期

幼树根系生长速度大于地上部分，以后逐渐与地上部分生长达到平衡。

伴随根系生长，根系自身始终发生着局部自疏与向心更新。

树木地上部分衰老濒临死亡时，根系还可维持一段时期的寿命。

（2）枝芽的生长与树体骨架的形成

1）枝芽的特性

芽与芽序：芽是带有生长锥和原始小叶片而呈潜伏状态的短缩枝（叶芽），或是未伸展的紧缩的花或花序（花芽）。对前者称为叶芽，对后者称为花芽。芽序是指定芽在枝上按一定规律排列的顺序。定芽着生在叶腋处，芽序与叶序是一致的。芽序类型分为互生、对生和轮生。芽序不同，枝条着生的位置和方向也不同。了解芽序对整形修剪时安排主侧枝方位有重要作用。

2）萌芽力与成枝力

萌芽力：是指树木叶芽萌发能力的强弱。常用萌发芽数占该枝芽总数的百分率来表示萌芽力，也称为萌芽率。枝条上 1/2 以上的叶芽能够萌发的表明萌芽力强，1/2 以上的叶芽不能萌发而呈休眠状态的则为萌芽力弱。通常萌芽力高的树种耐修剪，树木易成形，故萌芽力是修剪的依据之一。成枝力强的树种，树冠密集，幼树成形快，但树冠过早郁闭，影响冠内通风透光，若整形不当，易使内部短枝早衰，如悬铃木、桃等；成枝力弱的树种，树冠内枝条稀疏，幼树成形慢，遮阴效果差，但树冠内通风透光较好，如银杏、西府海棠等。

3）芽的早熟性与晚熟性

当年形成并于当年萌发成枝的芽被称为早熟性芽。

当年形成而至次年萌发成枝的芽被称为晚熟性芽。

4）芽的异质性

同一枝条上不同部位的芽，存在着大小不同、饱满程度不同等差异的现象，可称为芽的异质性。一般在长枝中部的芽质量最好，而在长枝基部和顶端，或者秋梢上的芽质量较差；中、短枝的中上部芽较好；树冠内部和下部枝条上的芽质量较差。

5）芽的潜伏力

枝条基部芽或枝条上部某些副芽，一般不萌发而呈潜伏状态，可称为潜伏芽或隐芽。将潜伏芽（隐芽）萌发抽生新梢的能力，称为芽的潜伏力（潜伏芽寿命）。

芽的潜伏力强（潜伏芽寿命长）的树种容易更新复壮，恢复形成良好的树冠，反之则不利于树冠的更新复壮。

6）枝的生长方式

直立生长——茎干以明显的背地性垂直地面，枝直立或斜生于空间，多数树木都是如此。在直立茎的树木中，也有些变异类型，以枝的伸展方向不同可分为：① 紧抱型；② 开张型；③ 下垂型；④ 龙游（扭旋或曲折）型等。

攀援生长——茎细长柔软，自身不能直立，但能缠绕或具有适应攀附他物的器官（卷须、吸盘、吸附气根、钩刺等），借他物为支柱，向上生长。在园林中，把具缠绕茎和攀援茎的木本植物，统称为木质藤本，简称藤木。

匍匐生长——茎蔓细长，自身不能直立，又无攀附器官的藤木或无直立主干之灌木，常匍匐于地面生长。匍匐灌木如沙地柏等。攀援藤木在无物可攀时，也只能匍匐于地面生长。这种生长类型的树木，在园林中常用作地被植物。

7）分枝方式

树木除少数不分枝（如棕榈科的许多种）外，有以下三大分枝方式：

① 总状分枝式（单轴分枝式）：枝的顶芽具有生长优势，能形成通直的主干或主蔓，同时依次发生侧枝；侧枝又以同样方式形成次级侧枝。这种有明显主轴的分枝方式叫总状分枝式（或单轴分枝式）。

② 合轴分枝式：枝的顶芽经一段时期生长后，先端分化花芽或自枯，而由邻近的侧芽代替延长生长；以后又按上述方式分枝生长。这样就形成了曲折的主轴，这种分枝方式叫合轴分枝式。

③ 假二叉分枝式：具有对生芽的植物，顶芽自枯或分化为花芽，由其下对生芽同时萌枝生长所接替，形成叉状侧枝，以后如此继续。其外形上似二叉分枝，因此叫假二叉分枝。

8）顶端优势

顶部分生组织或茎尖对其下芽萌发力的抑制作用，叫作顶端优势（或先端优势）。因为它是枝条背地性生长的极性表现，又称极性强。

顶端优势也表现在分枝角度上，枝自上而下开张；如去除先端对角度的控制效应，则所发侧枝又呈垂直生长。另外，也表现为树木中心主干生长势要比同龄主干强，树冠上部枝生长势比下部的强。

一般乔木都有较强的顶端优势，越是乔化的树种，其顶端优势越强，反之则弱。

9）干性与层性

干性——树木中心干的强弱和维持时间的长短，称为干性。顶端优势明显的树种，中心干强而持久。凡中心干坚硬，能长期处于优势生长者，叫干性强。这是乔木的共性，即枝干的中轴部分比侧生部分具有明显的相对优势。

层性——由于顶端优势和不同部位芽的质量差异，使强壮的一年生枝的着生部位比较集中，使主枝在中心干上的分布或二级枝在主枝上的分布，形成明显的层次，这种现象称之为层性。一般顶端优势强，而成枝力弱的树种层性明显。

10）枝的生长

树木每年以新梢生长来不断扩大树冠，新梢生长包括两个方面，加长生长和加粗生长。一年内枝条生长达到的粗度与长度，称为年生长量。在一定时间内，枝条加长和加粗生长的快慢，称为生长势。

11）树冠的形成

乔木以地上芽分枝生长，一年生苗或前一季节所形成的芽，抽枝离心生长。枝茎中上部芽垂直向上生长和斜生，形成主干延长枝和主枝，下一年由中心干上的芽抽生延长枝和第二层主枝；第一层主枝先发芽，抽生主枝延长枝和若干长势不等的侧生枝。

丛木由许多粗细相似的丛状枝茎所组成。有些丛木枝上的中上部芽抽枝旺盛，有些丛木枝上的中下部芽抽枝旺盛，从而形成树冠。

藤木幼时分枝少，壮老年以后分枝增多，树冠增大。

（3）叶和叶幕的形成

叶片是由叶芽中前一年形成的叶原基发展起来的。叶片大小与前一年或前一生长时期形成叶原基时的树体营养和当年叶片生长日数、迅速生长期的长短有关。

叶幕是树冠着生叶片的总体。幼树枝梢少，叶片少，叶幕薄，结构简单。随着树体的生长，枝梢增多，叶片量增大，叶幕变厚，结构也越复杂。

3.1.6　花芽的分化

（1）花芽分化的概念

狭义的花芽分化是指形态分化，即由叶芽生长点的细胞组织形态，转为花芽生长点的组织形态过程。广义的花芽分化，包括生理分化、形态分化、花器的形成与完善，直至性细胞的形成。

（2）花芽分化期的划分

1）分化初期：芽内突起的生长点渐肥厚，顶端隆起呈半球状，四周下陷，此为花芽形态分化的标志。

2）萼片原基形成期：下陷四周产生突起体，即为萼片原始体，达此阶段才可肯定为花芽。

3）花瓣原基形成期：于萼片原基内基部发生的突起，即花瓣原始体。

4）雄蕊原基形成期：花瓣原始体内的基部发生的突起，即雄蕊原始体。

5）雌蕊原基形成期：在花原始体中心底部发生的突起，即雌蕊原始体。

性细胞形成期——当年分化并开花的树木，其花芽性细胞都在年内较高温度下形成。夏秋分化、次春开花的树木，其花芽形态分化期后，花芽性细胞要经过冬春一定时期的低温，在春季温度升高的条件下形成。

（3）花芽分化的类型

1）夏秋分化型

前一年 6～8 月开始分化花芽，并延至 9～10 月，完成花器分化的主要部分，第二年早春和春夏间开花。

2）冬春分化型

一般在秋梢停止生长后至第二年春季萌芽前（11 月～翌年 4 月），花芽逐渐分化形成。

3）当年分化型

当年新梢上分化形成花芽，并于当年夏秋季开花。

4）多次分化型

一年中多次抽梢，每抽一次就分化一次花芽并开花。

5）不定期分化型

热带原产的乔性草本。

3.1.7　树木开花

（1）开花的顺序

同一地区每年各树木开花的先后顺序基本固定不变。同一种花木，不同品种的开花期不同，可分为早花、中花和晚花。雌雄同株异花树木的开花期，有雌雄花同期、先雌花后雄花、先雄花后雌花。同一植株上不同部位枝条的开花期有先有后。

（2）开花的类型

1）先花后叶型——银芽柳、迎春、连翘、山桃、梅、杏、李、紫荆、玉兰等。

2）花叶同放型——榆叶梅、桃、紫藤等当中一些开花较晚的品种或类型；苹果、海棠等混合芽树种。

3）先叶后花型——木槿、紫薇、凌霄、槐、珍珠梅等。

（3）每年开花次数

多数树种一年开花一次，如刺槐等；有的树种在一年当中可多次开花，如月季等；一年开花一次类型中的有些树种偶发一年开花两次，如玉兰等。

3.2　园林树木的整形修剪

3.2.1　概念

整形是指把树整成一定形状（即树形），使之具有良好的骨架结构。

修剪是在整形的基础上，为了培养、维持一定的树形，改善通风透光条件，调节生长和结果平衡，而直接实施于树体上的技术措施。

整形和修剪既相对独立，又紧密关联。整形仅限于幼树，而修剪则贯穿树体的一生。整形主要通过修剪来完成，修剪必须根据整形的要求进行。

3.2.2　整形修剪的依据

整形修剪是园林树木栽培养护中技术性最强的一项工作，因为影响整形修剪的因素较多，操作起来比较复杂。在园林树木整形修剪中一般考虑以下几个方面的因素：

（1）根据树木在园林绿化中的用途

不同的环境要求不同的景观效果，不同的景观效果需用不同的整形方式来完成。例如，槐树和悬铃木用来作为庭荫树则需要采用自然树形，而用来作为行道树则需要被修剪成杯状形。

（2）根据树木的年龄时期

幼年阶段：以整形为主，轻剪以缓和树势，尽早成形和花芽分化。

成年阶段：注意调节营养生长与开花结果的矛盾，防止因开花结实过多而早衰。

老年阶段：适当重剪，促进更新，恢复树势。

（3）根据树木生长发育习性

树种、品种不同，生长发育习性也不同，整形修剪应区别对待。

松树、水杉、银杏、钻天杨、苹果、梨、山楂、柿等顶端优势强、干性强、树体高大、树冠直立，故在整形时一般应保留中心干。

榆叶梅、桂花、桃、杏、李等树体较矮小，树冠开张、干性弱，在整形中多采用无中心干的开心形。

对于喜光性强的桃、枣、葡萄等树种，整形修剪时要做到枝量要少、叶幕要薄、层间距要大，以改善其通风透光条件。

对于分枝角度小、枝干硬脆、树冠直立的梨、西府海棠等树种，要注意及早开张骨干枝角度。

（4）根据花芽的着生部位、形成时间及花期

春季开花的树木，花芽属夏秋季分化型，花芽着生在一年生枝上，休眠期修剪必须注意花芽着生的部位。具有顶花芽的，如玉兰、黄刺玫、山楂、丁香等在休眠期或在花前修剪时绝不能采用短截（除非更新枝势）；具有腋花芽的，如榆叶梅、桃花、西府海棠等，则可短截。夏季开花的树木，花芽在当年抽生的新梢上形成，如紫薇、木槿、珍珠梅等，休眠期对一年生枝留4～8个（对）饱满芽短截，以促壮条，虽然花枝可能会少些，但由于营养集中，会开出较大的花朵。

3.2.3 修剪时期与修剪手法

（1）修剪时期

1）冬剪（休眠期修剪）

在秋冬落叶后至翌年春季萌芽之前，常绿树木冬季生长停止时进行的修剪。

休眠期修剪，树体养分损失少。

不宜在严寒霜冻期间冬剪，对抗寒能力弱的树种宜适当推迟修剪。

2）夏剪（生长期修剪）

从春季萌芽后至秋季落叶前，整个生长期内进行的修剪，都称之为夏剪。一般采用轻剪。

作用：抑制营养生长，改善风光条件，促进花芽分化。

（2）修剪的基本手法及其应用

1）短截

剪去一年生枝的一部分。

局部促进：刺激剪口下芽的萌发，离剪口越近，刺激作用越强。

整体削弱：对母枝增粗有削弱作用。

作用与应用：常用于骨干枝、延长枝的修剪，特别是幼树的整形修剪，能明显增加分枝数量，减少"光腿"现象；缩短枝轴和养分运输距离，利于促进生长和更新复壮；改变枝梢的角度和方向，调整顶端优势部位，调节主枝平衡（强枝短留、弱枝长留）。

注意：短截的量一定不能过大，否则会造成枝梢过密，导致冠内光照不良。剪口与芽的相对位置要适宜。

根据短截程度不同，分为：轻短剪、中短剪、重短剪和极重短剪。

轻短截：只剪去枝条顶端部分，留芽较多，剪口芽较壮，可提高萌芽率，抽生较多的中、短枝条，对剪口下的新梢刺激作用较弱，发枝多、母枝加粗，可缓和新梢生长势。

中短截：在枝条的中上部饱满芽处短剪，留芽较少，对剪口下部新梢的生长刺激作用大，形成较多的中、长枝，母枝加粗，生长较快。

重短截：在枝条的下部短剪，留芽更少，截后刺激作用大。常在剪口附近抽1～2个壮枝，其余芽一般很少发枝，故总生长量较少，多用于培养紧凑结果枝组。

极重短截：又称留撅修剪、短枝型修剪。在春梢基部1～2个瘪芽（或弱芽）处剪，修剪程度重，留芽少且质量差，剪后多发1～2个中、短枝，可削弱枝势、降低枝位，多用于处理竞争枝、培养短枝结果。

2）疏剪

将枝条从基部疏除即为疏剪。可抑上促下，对全树起削弱作用。

作用与应用：改善光照，一般疏除背上竞争枝、过密枝、徒长枝、病虫枝、伤残枝、干枯枝、衰老下垂枝、重叠枝、并生枝、交叉枝、直立枝、根蘖枝等。疏剪要适量，尤其是对幼树一定不能疏剪过重，否则会严重削弱树势，需疏除大枝较多时，要分几年进行，以稳定树势。

疏除大枝方法：在分枝接合处隆起部分的外侧剪切，剪口下不留残桩，不伤枝干接合部的领圈突起，剪口平滑，以利愈合。三锯法锯大枝：为防大枝撕裂干皮，应从待剪枝的基部向前约30cm处自下向上锯切，深至枝径的1/2，再向前3～5cm自上而下锯切，深至枝径的1/2左右，这样大枝便可自然折断，最后把留下的残桩锯掉。

3）回缩（缩剪）

指剪截多年生枝部位。促进剪口后部的枝、芽生长，对母枝有削弱作用。常用于大树、老树骨干枝和结果枝组的更新复壮。

4）长放

又叫甩放、缓放，是指对枝条不做任何剪截。

作用：母枝加粗，生长快，长势缓和，易成花，有利于快长树、早结果和早丰产。应用：水平、斜生的中庸枝；直立枝、徒长枝不宜长放，若长放，应配合拉枝、曲枝等措施；太弱的枝不宜长放，也不宜连续长放，势弱后及时回缩。

5）开张枝条角度

幼树一般较直立，生长势强，不易成花，所以幼树开张枝条角度非常重要。包括拉枝和拿枝，拉枝可开张枝条角度，改变伸展方向，缓和长势，有利于成花。拿枝也称捋枝，对新梢用手从基部起逐步向下弯曲，伤及木质部又不折断，靠枝叶本身的重量使枝条自然水平或稍下垂。拿枝的时期以春夏之交、枝梢半木质化时最好，容易操作，开张角度和削弱旺枝生长的效果均最佳，有利于花芽分化。

6）刻芽、环剥、倒贴皮

刻芽：用剪刀或钢锯条在芽的上方刻伤皮层，以刺激芽萌发和成枝。

时期：发芽前一个月至发芽期。

环剥：在枝的一定部位剥去一圈皮层。

倒贴皮：环剥下的皮倒过来贴回原处。

作用机理：暂时阻断皮层上下运输通道，增加光合产物在上部的积累，可抑制生长、促进坐果和花芽分化。

环剥宽度：一般应掌握在枝干直径的1/10左右。

环剥时期：促进坐果——花期，促进花芽分化——生理分化期之前。

7）抹芽、除萌、疏梢

将多余的萌芽在木质化前抹去叫抹芽。

作用：节约营养、改善光照。

时期：随时进行，以春季为主。

8）摘心、剪梢

摘心：摘除幼嫩的梢尖。

剪梢：剪除新梢的一部分。

作用：抑制生长，促进侧芽萌发，增加分枝，促进成花，提高坐果率；秋季摘心，可抑制秋梢的生长，节约营养，促进新梢成熟。

时期：新梢为 30～40cm 时。

9）扭梢

用手将新梢基部扭转 180°，使新梢顶端朝下。

作用：缓和生长，促进成花、坐果。

应用：背上直立旺枝改造利用。

时期：新梢为 20～30cm、基部半木质化时。

10）圈枝、别枝

圈枝：把一个长枝圈起来或把两个枝相互圈起来。

别枝：将枝的上端别到其他枝下，用于改造直立枝、徒长枝。

（3）夏季修剪注意事项

1）轻剪为主、轻重结合

重剪易导致树势衰弱，乃至死亡。原因：夏季叶片正进行着旺盛的光合作用，光合产物是树木生长发育的需要，其中很大一部分光合产物被输送到根系，作为根系生长的原材料和呼吸作用的底物，是根系生理活动所需能量的源泉。此时对树木重剪，必然导致光合面积急剧减少，严重影响光合产物的形成，根系得不到足够的光合产物而处于饥饿状态，势必严重影响根系的生长和吸收，导致树势衰弱，甚至死亡，或是树势衰弱后发生严重病虫害，加速树木的死亡。

2）及时除萌

萌蘖长势强旺，消耗营养，扰乱树形，在生长季要及时除去。

3）及时除去无观赏价值的果实，减少营养消耗

4）加强土肥水管理

3.2.4　各种园林用途树木的整形修剪

树木修剪要根据树木本身的生物学特性及在园林中的作用，在整形的基础上进行，不能随心所欲、心中无数地乱剪，或者今年一种方法，明年又换另一种方法，剪来剪去树木没有了形状，非常难看，也很难再挽救。

对于某种树木（特别是造型水平要求较高的树木），最好每年修剪且不要换修剪人，以避免每年修剪不统一、不协调。如果要换修剪人，在修剪前要先研究分析前一年修剪的意图、方法及程度，在前一年的基础上，做出当年的修剪方案，才可动手修剪。

（1）行道树的修剪

行道树是城市绿化的骨架，它将城市中分散的各类绿地有机联系起来，构成美丽壮观的绿色整体。行道树既能反映城市的面貌，又能呈现出地方特色，还有组织交通的作用，直接关系到人们的身心健康。

行道树必须有一个通直的主干，其主干的高度与街道的宽窄有关，街道较宽的行道树，主干高度在 3～4m，街道窄的行道树主干高度应为 3m 左右。公园内的园路树或林荫路上的树木主干高度以不影响游人行走为原则，通常枝下高度在 2m 左右。

另外，要求高度和分枝点基本一致，树冠整齐，装饰性强。

行道树一般采用自然树形，中干较强的行道树一般被栽植在道路比较宽或上面没有架空线的街道上；中干不强的行道树通常被栽植在比较窄或上面有架空线的街道上。

行道树的枝条与架空线距离超过园林单位规定的标准时，应立即对其修剪，以免发生危险。为解决架空线的矛盾，可采用杯状形，避开架空线，每年除冬季修剪外，夏季随时剪去触碰电线的枝条。行道树修剪本着去弱留强的原则，及时疏除病虫枝、衰老枝、交叉枝、冗长枝等，保证通风透光，旺盛生长。在生长季树干上萌生的枝条在木质化前要及时抹掉，否则会在树干上留下疤痕，有碍美观。

（2）庭荫树

庭荫树应具有庞大的树冠和挺拔、平整或光滑的树干。

主干高度无严格的规定，但要与周围环境条件相适应，一般以游人能够在树下自由活动为准，枝下高多在 1.8～2.0m。

庭荫树和孤植树尽可能使树冠大一些，以最大限度地发挥其遮阴等功能。树冠太小，会影响树木的生长，对一些树皮薄的种类还有防止干皮日灼的作用。一般认为，以遮阴为目的的庭荫树，冠高比 2/3 以上为最佳，以不小于 1/2 为宜。

庭荫树通常采用自然树形，不需要细致修剪，通常只进行常规修剪，将过密枝、伤残枝、病枯枝及扰乱树形的枝条疏去，培养健壮、挺拔的姿态，给人以健康、整洁的观感；也有的根据配置的要求，进行特殊的造型，以发挥更佳的观赏效果。

（3）观赏灌木及小乔木的修剪

1）观花观果类

早春开花树木的花芽绝大多数是在上一年的夏秋进行分化的，花芽着生在一年生枝上，个别的在多年生枝上也能形成花芽。为了提高观赏效果，在休眠季修剪时，多数在原有树形的基础上，只进行常规修剪，改善风光条件，减少病虫害的发生，延缓植株的衰老。但为了保持树形，在花后应及时修剪。而有些种类除进行常规修剪外，还需要进行造型与枝组的培养，以提高艺术效果。

夏秋开花的种类花芽分化属当年分化型，在新梢上形成花芽后开花，此类树木修剪一般在冬季或早春。修剪方法主要是短截和疏剪相结合。有些花后需剪去残花，使养分集中，延长花期，如紫薇通常花期只有 20 多天，去残花后，花期可以延长到 100 多天；有的还可使其二次开花（如珍珠梅、锦带花等）。这类树木的花芽大部分着生在新梢的上部和顶端，所以不要在开花前剪梢。

2）观枝类

有些树木枝（树）皮的颜色或干形具有较高的观赏价值，常常作为冬季观赏之用。如棣棠枝皮为绿色、红瑞木枝皮为红色等，为了延长观赏时间，往往在翌年早春芽萌动前进行修剪。

这类树木的嫩枝鲜艳，老干的颜色往往较为暗淡，所以年年都要被重剪，促发更多的新枝，同时还要逐步去除老干，不断地进行更新。

3）观形类

观形的树种有很多，落叶树有垂枝梅、垂枝桃、合欢、龙爪槐和鸡爪槭等，常绿树有雪松、龙柏、桧柏、油松等。

这类树主要观其潇洒飘逸的树形，修剪因生长特性的不同而异，垂枝桃、垂枝梅、龙爪槐、垂枝榆短截时要留上芽、留外芽，以使树冠开张；雪松、龙柏、桧柏、油松、合欢、鸡爪槭树成形后只进行常规修剪。

4）观叶类

有些树木叶形奇特，观赏价值较高，如银杏、马褂木、金钱松等。

观叶类主要观其自然之美，不要求细致的修剪和特殊的造型，一般只进行常规修剪。

5）放任生长树的修剪

这类树木往往大枝多而拥挤，枝叶集中在树冠上部，枝条下部光秃，病虫害也多。这类树应遵循因树修剪、随枝做形的原则，进行常规修剪，在不影响树势的前提下，在休眠期将过多大枝分期、分批逐年疏除，绝不能为了追求某种树形而大砍大伐，否则会严重削弱其生长态势。

（4）绿篱的整形修剪

1）整形式绿篱是指按照人们的意愿和需要，修剪成各种规则的形状，形成一条整齐的、具有艺术性的绿色墙垣。整形式绿篱最普通、最常见的是梯形。为了保持绿篱应有的高度和平整、匀称的外形，应经常将突出轮廓线的新梢剪平、剪齐。正确的修剪方法：先剪其两侧，使其侧面成为一斜面，两侧修完后，再修平顶部，使整个断面呈梯形。这种上小下大的梯形，可使上下部枝条的顶端优势受到一定抑制，刺激上下部枝条再长新枝，而这些枝条的位置，距离主干相对变近，有利于获得充足的养分。同时，上小下大的斜面有利于绿篱下部枝条获得充足的阳光，从而使全树枝叶茂盛，维持漂亮的外形。如果对绿篱侧面的修剪强度完全一致，其断面形成上下垂直的方形，则顶部容易积雪，受压后变形；下部的枝叶也会因长期处于树荫下阳光不足而逐渐发黄、枯死。如果只剪平顶部，下部的枝条因终年得不到阳光照射，又没有外来的刺激，会逐渐干枯死亡，基部光秃。

2）对自然式绿篱仅进行常规修剪，将老、弱、枯、病、虫、残等枝剔除，一般不进行专门的整形修剪。这类绿篱多用于高篱或绿墙。

第 4 章　园林花卉

4.1　园林花卉的生长发育规律

（1）花卉生长发育的规律性

花卉的个体发育过程经历了种子休眠与萌发、营养生长、生殖生长三个时期，对于生命周期较长的木本花卉则存在着两个生长发育周期：年周期和生命周期。年周期明显地分为生长期和休眠期。

对于植物个体而言，生长的基本方式是初期生长慢，中期生长逐渐加快，当生长达到最高峰后逐渐减慢，直到最后停止生长，个体死亡。生长呈现"S 形曲线"。

（2）不同种类花卉生长发育过程

1）一年生花卉：多为春播秋花花卉，从播种到开花结实、个体死亡，在一年内完成。多为短日性植物，如一串红、凤仙花、鸡冠花等。

2）二年生花卉：多为秋播春花花卉，播种当年只进行营养生长，经过一个冬季，第二年才开花结实死亡，生长虽用一年时间，但生长跨一个年度。多为长日性植物，如三色堇、瓜叶菊、虞美人等。

3）球根花卉：分为春植与秋植类球根花卉。春植类球根花卉多为短日性花卉，春种秋花，如唐菖蒲、美人蕉等。秋植类球根花卉多为长日性花卉，秋种春花，如郁金香、水仙等。

4）宿根花卉：一般分为露地与温室类宿根花卉。露地类耐寒性强，可安全露地越冬，如菊花、芍药等；温室类耐寒性差，一般在保护条件下越冬，如君子兰、万年青等。

5）其他花卉：因各自生态习性不同而各有区别。

4.2　常见花卉的栽培技术

（1）花卉栽培设施概念

指人为建造的，适宜或保护不同类型花卉正常生长发育的各种建筑及设备，主要包括温室、塑料大棚、冷床与温床、荫棚及各种机械设备等。

（2）设施对花卉生产的作用

1）在不适宜某类花卉生态要求的地区栽培此类花卉。

2）在不适宜花卉生长的季节进行花卉生产。

3）可对花卉进行高密度栽培生产。

（3）设施生产花卉的特点

1）生产必须有必要的设备。

2）购买设备花费高，生产维护的费用也高。

3）花卉生产不受季节、时间和地区的限制，可实现周年生产。

4）花卉产量可以成倍增加。

5）栽培管理技术要求严格。

6）生产与销售环节要紧密衔接。

7）可与露地栽培相互配合，实现花卉的周年生产。

（4）花卉生产设施类型

1）风障

一般由篱笆、披风和基埂三部分组成，保证植物安全越冬，提早生长与开花，一般用于露地花卉越冬。

2）阳畦与温床

阳畦与温床一般用来促成栽培，二年生花卉的越冬与育苗，小苗定植前锻炼，夏季高温扦插、繁殖种苗等。

3）地窖

一般应用于不能露地安全越冬的宿根、球根、水生花卉，以及花木类花卉的越冬。

4）荫棚

主要应用于温室花卉夏季高温时的越夏栽培。

5）温室

主要应用于花卉周年生产和栽培热带、亚热带观赏植物。

4.3　常见花卉的种类与应用

4.3.1　常见花卉的种类

（1）常见的花卉可分为一二年生花卉、宿根花卉、球根花卉、水生花卉及木本花卉。

（2）根据花卉的色彩可以分为以下几类：

1）红色系：一串红、鸡冠花、红花美人蕉、茑萝、石榴、山茶、月季等。

2）黄色系：金鸡菊、万寿菊、菊花、迎春、蜡梅、金桂、黄刺玫等。

3）蓝色系：鸢尾、紫藤、紫丁香、紫玉兰、桔梗、美女樱等。

4）白色系：百合、白丁香、水仙、珍珠梅、栀子花、白月季等。

4.3.2　花卉的应用

花卉在园林绿地、森林公园及风景名胜区中的应用方式有很多，没有一个固定的应用方式。花卉在园林中的应用原则是在满足植物生态习性的基础上，最大程度发挥其在环境和美学上的效益，满足人们文化生活需求。

（1）花坛

花坛是在具有一定几何轮廓的栽培床内种植颜色、形态、质地不同的花卉，运用花卉的群体效果来体现其色彩美、图案纹样或观赏花卉盛开时的绚烂景观的一种花卉应用形式。按花坛表面纹案不同可以分为花丛花坛、模纹花坛、造型花坛、造景花坛等；按空间位置不同可以分为平面花坛、斜面花坛和立体花坛；按花坛的组合不同可以分为独立花坛

（单个花坛）、带状花坛和花坛群。

1）花丛花坛

① 植物的选择

以观花草本植物为主体，如一二年生花卉、球根花卉、宿根花卉；也可以适当选用少量的常绿及观花小灌木等作为辅助材料。花丛花坛常用花卉如下：

一二年生类：金盏菊、雏菊、万寿菊、翠菊、三色堇、一串红、鸡冠花、半枝莲、羽衣甘蓝、矮牵牛、彩叶草等。

宿根花卉类：四季秋海棠、荷兰菊、小菊类、鸢尾类、石竹、玉簪等。

球根花卉类：郁金香、风信子、小丽花、美人蕉、水仙、球根海棠、葡萄风信子等。

适合花坛中心的植物如苏铁、蒲葵、叶子花、一品红、杜鹃、桂花、海桐、大叶黄杨、龙舌兰等；适合花坛镶边的植物要求低矮、枝条紧密、枝叶繁茂，稍微匍匐或下垂更佳，可以遮挡花盆容器，保证花坛的整体性和美观，如银叶菊、彩叶草、扫帚草、天门冬、垂盆草、银边吊兰、沿阶草、美女樱等。

② 色彩设计

花丛花坛主要表现花卉群体的色彩美，因此色彩设计除了考虑与周围环境的协调性外，还应精心选择不同花色的花卉来巧妙搭配。如以建筑物为背景的花坛，选色上应与建筑物色彩有明显差别；以山石为背景的花坛，适宜选用紫、红、粉、橙等色的花卉；以绿色植物为背景的花坛，适宜选用鲜艳而明度高的浅色花卉，可以为花坛增加良好的观赏效果。色彩设计时应注意一个花坛配色不宜过多，2～3种颜色即可，大型花坛有4～5种颜色足矣，配色过多或过于复杂反而难以表现花坛的群体效果。

③ 图案设计

花丛花坛以平面应用居多，图案设计应尽量简洁，避免烦琐复杂；外部轮廓以几何图形的组合为主。最基本的几何图形有方形、三角形、多边形、圆形等。使用正方形、矩形可以合理地利用空间，突出表现整齐、大方、稳定、庄重的效果，给人以平静的感觉，适合应用于机关政府门前、政治性广场、纪念性建筑周围。圆形是圆满、理想的造型，给人以平静、安静、柔和、完美、松弛的感觉，应用范围较广。由各类曲线组成的不规则式、自然式花坛则给人以优美、柔和、舒畅、轻盈的感觉，有的则给人以热情、奔放的感觉，在各类园林绿地、水畔、道路两侧应用较多。

实际中可以灵活使用不同的形状进行组合，但一定注意其应与周围环境相互协调。图案设计中忌讳在有限的范围内设计烦琐的图案，即使用色很少，也体现不出花坛的整体色块效果。花丛花坛可以是某一季节观赏的花坛，也可以是多个季节观赏的花坛。设计时可以提出多个设计方案，可用同一图案更换花材，也可以另设方案按季节更换植物材料，从而完成花坛的季节变更。花坛大小要适中，平面过大在视觉上容易引起变形，一般的观赏直径在10～20m，不宜超过20m。平面布局可采用对称、拟对称或自然式，对称轴应与所在地建筑物或广场的轴线方向一致或平行。

2）模纹花坛

模纹花坛主要表现和欣赏由观叶或花叶兼赏植物所组成的景致复杂的图案纹样，要求图案纹样清晰、精美细致，可供较长时间的观赏。

① 植物的选择

植物的高度和形状对模纹花坛纹样的表现有着密切的关系。

低矮细密的植物才能形成精美细致的图案。生长缓慢的多年生植物可以使花坛保持长期观赏的稳定性，以枝叶细小、株丛紧密、萌蘖性强、耐修剪的观叶植物为主要材料。通过修剪可以使图案纹理清晰，长期观赏。典型的模纹花坛材料如五色草、矮黄杨等。五色草颜色较为暗淡，可以适当搭配少量植株低矮、株形紧密、观赏期一致、花叶细小的观花植物，如香雪球、四季秋海棠、半枝莲、雏菊、孔雀草、酢浆草、银叶菊、千日红等。

② 色彩设计

模纹花坛的色彩设计应以图案纹样为依据，利用植物的色彩来突出纹样。

③ 图案设计

模纹花坛以突出内部纹样精美华丽为主，因此花坛的外部轮廓应尽量简单，面积不宜过大。内部纹样可比花丛花坛精致复杂些，但点缀或条纹不可过于窄细，如五色草不可窄于5cm，一般的草本花卉以栽植两株为限。纹样过于窄细难以体现设计图案，只有纹理粗宽合适才会鲜明，才能使得纹案清晰。模纹花坛很大一部分是斜面花坛的形式，设计时应充分考虑花坛的高度、角度及地理位置。斜面花坛的高度以所处环境及设计主题来确定，一般不会超过8m。斜面的观赏角度以90°为最好，但从施工和养护方面则角度越小越好。综合考量，一般在斜坡上设置的斜面花坛，为防止养护过程中由于重力作用造成的水土流失，斜面花坛的角度以33°～37°较为适宜；斜面支架式花坛，由于直接将花卉种植于箱中或卡盆中，斜面角度为45°～60°；还有一种斜面花坛是将盆花摆在梯形架子上，或将花卉种植在阶式种植槽或池内，斜面角度可以保持在33°～60°。

3）造型花坛

① 植物选择

植物选择基本与模纹花坛要求一致。各种造型主要使用毛毡花坛的手法完成，先用五色草附着在预先设计好的模型或骨架上，也可将植物进行修剪、整形、弯曲。

② 色彩设计

色彩设计应与环境的格调、气氛相互吻合，受植物材料的限制，造型物本身的色彩也不是很丰富，可以通过将造型物置于色彩艳丽、图案简洁的平面花坛中加以协调。

③ 造型设计

造型物的形象依据花坛及其主题来设计。现代新型声光技术的引入，使立体造型花坛的表现更为丰富，但其造价较高，适宜在小范围内应用。花坛的高度要与环境协调，一般应在人的视觉观赏范围内，高度与花坛面积成正比。如四面观赏的圆形花坛，其高度一般为花坛直径的1/6～1/4。

（2）花境

花境是模拟自然界中林地边缘地带多种野生花卉交错生长的状态，运用艺术手法设计的一种花卉应用形式。花境既表现了植物个体的自然美，又展示了植物的群落美。花境主要体现花卉丰富的形态、色彩、高度、质地等变化，所以大多采用花朵顶生、植株较为高大、叶丛直立生长的宿根和木本花卉，可以一次种植多年观赏，四季有景可看。栽培简单，省时省力，而且还有分隔空间和组织游览路线的作用。

1）花境的类型

① 宿根花卉花境

全部由可以露地越冬的宿根花卉组成。

② 球根花卉花境

植物选用球根花卉。

③ 灌木花境

被选用的植物均为灌木类，以观花、观叶、观果或体量较小的灌木为主。

④ 混合式花境

种植材料以耐寒的宿根花卉为主，配置少量花灌木、球根花卉或一二年生花卉，此种花境季相分明、色彩丰富、应用较多。

⑤ 专类花卉花境

对所用植物要求花期、株形、花色等有比较丰富的变化，从而可以体现花境的特点，如月季花境、百合花境、鸢尾花境、菊花花境等。

2）花境的设计

为了方便管理，可以将过长的种植床分为几段，每段长度不宜超过 20m，每段之间可留 1～3m 地段设置座椅、雕塑、园林小品等。花境的宽度一般为：单面观宿根花卉花境为 2～3m，单面观混合花境为 4～5m，双面观花境为 4～6m。较宽的单面观赏花境种植床与背景之间可以留出 70～80cm 宽的小路，便于防护管理，利于空气流通。种植床依据土壤环境条件及设计要求可保持 2%～4% 的坡度。选择植物应以在当地可以露地越冬的、不需要特殊管理的宿根花卉为主，兼顾一些小灌木、球根及一二年生花卉。花卉应有较长的花期，且能均匀分布于各个季节，花色丰富多彩，有较高的观赏价值。每种植物都有其独特的外形、质地和颜色，充分利用植物的株形、株高、花序等观赏特性即可创造出花境高低错落、层次分明的立体景观。而花境的季相变化是其重要特征之一，利用花期、花色、叶色及不同季节变化来创造季相景观。色彩上最好是先选择一个主色调，然后在其基础上进行一系列的变化，用中性色调的背景作为衬托。

3）花境配置常用花卉

春季开花类：金盏菊、飞燕草、桂竹香、紫罗兰、楼斗菜、荷包牡丹、风信子、花毛茛、郁金香、石竹类、马兰、鸢尾类、芍药、三色堇等。

夏季开花类：蜀葵、射干、美人蕉、大丽花、唐菖蒲、向日葵、萱草、玉簪、百合、福禄考、葱兰等。

秋季开花类：雁来红、百日草、鸡冠花、凤仙花、万寿菊、麦秆菊、翠菊、紫茉莉、硫华菊等。

（3）花台

花台是在高出地面的种植床内栽植花木的园林应用形式。常与山石小品结合，装点园林。在古典园林中常见，在现代园林中常用来布置广场、路口的端头。

花台按形式一般分为两类：

1）规则式花台外形一般为圆形、正方形、带形等。

2）自然式中国园林中经常应用，一般将花台设置于易积水地区，如常见的牡丹台。

（4）花池

花池是在特定种植槽内栽植花卉的园林应用形式。

（5）花丛

花丛是将大量花卉以自然式丛植的方式应用的形式。花丛色彩绚丽、管理粗放，有自然的野趣，一般将花丛布置于屋旁、路旁、林下、水畔等自然环境。

（6）花架

利用不同材料建造供植物攀援生长的园林设施。花架有遮荫、供人休息的功能。花架以藤本植物为主，类型有廊式、两排支柱式、单排式和独柱式。

（7）花带

以花卉为主的带状种植。花带一般宽度在 1m 左右，长度大于宽度 3 倍以上，与带状花坛相似。一般布置于道路中央或两侧、水池岸边、建筑物墙边或草坪边缘等处，形成色彩鲜艳、装饰性强的连续性景观。

（8）水景园

水景园是运用水生花卉对园林中的水面进行绿化装饰的园林应用形式。

1）水生植物配置原则

水生植物与水边距离要有远有近、有疏有密，切忌沿边线等距离种植，要留出必要的透景线。要注意植物群落配置后的立体轮廓线与水景的风格相互协调。充分考虑水面的镜面作用，水面植物不能过于拥挤，一般不要超过水面面积的 1/3，以免影响水面倒影效果和水体本身的美学效果。对于视觉上作用不大的水面，可加大植物配植密度，以形成绿色景观。栽植水生植物应严格控制其蔓延生长，可设置隔离带，也可缸栽置于水中。

2）水生植物应用注意问题

在水生植物群落营造前期，应加强人工维护，去除该群落中生长的其他品种的水生植物，避免对该植物群落产生种间竞争，从而破坏群落的稳定。利用水生植物美化、净化水体时，在保持一定覆盖度和生物量的前提下，要加强后期管理工作，及时将枯老死亡植株移出水体，防止残体堆积腐烂而导致的污染。在水生植物配植上要考虑植物之间的遮光效应，在养护管理上采取修剪、除草、病虫害防治等措施，保证水生观赏植物良好的生存环境和景观效果。尽量选用适合当地的乡土植物，而水面水生植物覆盖度最好小于水体面积的 30%。

第5章 园林植物生理基本知识

5.1 植物的水分代谢

植物从环境中不断吸收水分，以满足植物正常生活的需要，同时不断向外界环境排出大量水分，这种水分交换作用被称为植物的水分代谢。它主要包括植物的吸水、水分在植物体内的运输、水分排出植物体外三大过程。

（1）水的生理生态作用

1）水是细胞质的主要成分。

2）水是代谢过程的反应物质。

3）水是物质吸收和运输的良好溶剂。

4）水维持细胞的紧张度。

5）水的理化性质给植物生命活动提供各种有利条件。

6）水能调节植物周围的小气候，以水调温、以水调肥、以水调气、以水调湿。

（2）植物体的含水量

不同植物的含水量有很大的不同。水生植物的含水量可达鲜重的90%以上，草本植物的含水量为70%～85%，干旱环境中生长的低等植物含水量仅占6%。

同一植物不同器官的含水量差异也比较大，生长旺盛的部位如根尖、嫩梢、幼苗等含水量较高，可达60%～90%；休眠芽为40%；风干种子为10%～14%。

（3）水分在植物细胞内的存在形式

水在细胞内的存在形式有两种，自由水和束缚水。

自由水是在植物体内距离原生质胶粒较远，可自由流动的水。具有不被吸附或吸附很松、含量变化大、冰点为零、起溶剂作用等特性，与植物的代谢强度有关。

束缚水是指被原生质胶体吸附、不易流动的水，具有不能自由移动、含量变化小、不易散失、冰点低、不起溶剂作用的特性。同时，束缚水决定原生质胶体的稳定性，其含量与植物的抗逆性有关。

（4）植物细胞对水分的吸收

植物细胞吸收水分的三种形式：渗透吸水、吸胀吸水、代谢吸水。

（5）植物根系对水分的吸收

1）根系的吸水部位：根毛区

2）根系吸水的动力

根系吸水主要有两种动力，一种是根系代谢活动引起的主动吸水，即根压；另一种是植物地上部分的蒸腾作用引起的被动吸水，即蒸腾拉力。

（6）蒸腾作用

蒸腾作用指水分以气体状态通过植物的表面从体内扩散到大气的过程。植物散失水分的两种方式：以液体形式散失的吐水和以气体形式散失的蒸腾。

蒸腾作用是植物对水分吸收与运输的主要动力，能促进植物对矿质元素及有机物的吸收与传导，能调节植物个体、群体的温度，可调节田间小气候环境。

（7）植物体内水分的运输

1）经过活细胞的运输（短距离）

通过共质体，阻力大，速度慢，多为 10^{-3}cm/h。主要是从根毛到根部导管通过内皮层凯氏带，以及从叶脉到叶肉细胞的水分运输。

2）经过死细胞的运输（长距离）

通过质外体，阻力小，速度快，多为 3～45m/h。水分经过根、茎的导管及管胞的运输。水分运输的途径：

水分→根毛→根的皮层→根中柱→根导管→茎导管→叶脉导管→叶肉细胞→气孔腔。

5.2　植物的光合作用

（1）概念及反应过程

绿色植物吸收太阳光能，同化二氧化碳和水，制造有机物并释放氧气的过程。

在光合作用过程中，水被氧化为分子态氧，二氧化碳被还原到糖的水平，同时发生光能的吸收、转化和储藏。光合作用的意义在于：绿色植物是自然界巨大的物质转换站，是自然界巨大的能量转换站，可净化环境，维持大气中氧气和二氧化碳的平衡。

光合作用可分为光反应阶段和暗反应阶段。光反应阶段的特征是在光驱动下，将水分子氧化释放的电子，通过类似线粒体呼吸，由电子传递链那样的电子传递系统传递给 $NADP^+$，使它还原为 NADPH。电子传递的另一结果是基质中质子被泵送到类囊体腔中，形成的跨膜质子梯度驱动 ADP 磷酸化，生成 ATP。

光合作用暗反应阶段是利用光反应生成的 NADPH 和 ATP 进行碳的同化作用，使气体二氧化碳还原为糖。由于这阶段基本上不直接依赖于光，而只是依赖于 NADPH 和 ATP 的提供，故被称为暗反应阶段。

光合作用碳同化的三种方式分别为 C3 途径、C4 途径和 CAM 途径。C3 途径是指在某些高等植物光合作用的暗反应过程中，一个 CO_2 在 RuBP（1，5-二磷酸核酮糖）羧化酶的催化下，在有镁离子的环境中，被一个 RuBP 固定后形成两个三碳化合物（3-磷酸甘油酸）。有一些植物对 CO_2 的固定反应是在叶肉细胞质溶胶中进行的，在磷酸烯醇式丙酮酸羧化酶（PEPC）的催化下，将 CO_2 连接到磷酸烯醇式丙酮酸（PEP）上形成四碳酸——草酰乙酸，将这种固定 CO_2 的方式称为 C4 途径。C4 植物每同化 1 分子 CO_2，需要消耗 5 分子 ATP 和 2 分子 NADPH。CAM 植物特别适应干旱地区，其特点是气孔夜间张开、白天关闭。夜间二氧化碳（CO_2）能够进入叶中，也被固定在 C4 化合物中，与 C4 植物一样。白天有光时则 C4 化合物释放出的二氧化碳（CO_2）参与卡尔文循环。

（2）影响光合作用的因素

影响光合作用的因素有：植物内部因素和外部因素两个方面。内部因素主要是叶片和光合产物输出。叶片的结构如叶片厚度、栅栏组织与海绵组织的比例、叶绿体和类囊体的数目等都对光合速率有影响，叶片栅栏组织细胞长、排列紧密，叶绿体密度大，叶绿素含量高，光合活性也高，而在海绵组织中情况则相反。源库流关系影响光合速率，光合作用场所的光合产物是"源"，如果源库流受到影响，光合产物就会积累，当积累达一定水平之后，会影响光合速率。影响光合作用的外部因素主要是光照、CO_2 浓度和温度。光照对植物光合作用的影响主要体现在光照强度、光质、光抑制等方面。光合作用吸收 CO_2 量与呼吸作用释放 CO_2 量相等时的光照强度可称为光补偿点。阳生植物的光补偿点高于阴生植物的光补偿点，C4 植物的光补偿点低于 C3 植物的光补偿点。增加光照强度，而光合作用不再增加时的光照强度是光饱和点。阳生植物的光饱和点高于阴生植物的光饱和点，C4 植物的光饱和点高于 C3 植物的光饱和点。当光合机构接受的光能超过它所能利用的量时，会引起光合效率的降低，这个现象叫光合作用的光抑制。空气中 CO_2 浓度的增加会使光合速率加快。光合作用是化学反应，其速率应随温度的升高而加快，但光合作用整套机构却对温度比较敏感，温度高则酶的活性减弱或丧失，所以光合作用有一个最适温度。

5.3　植物的呼吸作用

（1）概念

植物的呼吸作用是指植物体吸收氧气，将有机物转化成二氧化碳和水并释放能量的过程。它为植物的各种生命活动提供能量（呼吸作用是生命的需求）。

（2）类型

1）有氧呼吸

生物进行呼吸作用的主要形式是有氧呼吸。有氧呼吸是指细胞在氧的参与下，通过酶的催化作用，把糖类等有机物彻底氧化分解，产生出二氧化碳和水，同时释放出大量能量的过程。有氧呼吸是高等动物和植物进行呼吸作用的主要形式，因此，通常所说的呼吸作用就是指有氧呼吸。细胞进行有氧呼吸的主要场所是线粒体。一般来说，葡萄糖是细胞进行有氧呼吸时最常利用的物质。有氧呼吸过程中能量变化：在有氧呼吸过程中，葡萄糖彻底被氧化分解，1mol 的葡萄糖在彻底被氧化分解以后，共释放出约 2870kJ 的能量，其中有 1161kJ 储存在 ATP 中，其余的都以热能的形式散失。

2）无氧呼吸

无氧呼吸一般是指细胞在无氧条件下，通过酶的催化作用，把葡萄糖等有机物质分解成不彻底的氧化产物，同时释放出少量能量的过程。这个过程对于高等植物、高等动物和人来说，是无氧呼吸。对于微生物（如乳酸菌、酵母菌），则习惯上称之为发酵。细胞进行无氧呼吸的场所是细胞质基质。

（3）意义

呼吸作用能为生物体的生命活动提供能量。呼吸作用释放出来的能量，一部分转变为热能而散失，另一部分储存在 ATP 中。当 ATP 在酶的作用下分解时，就把储存的能量释放出来，用于生物体的各项生命活动，如细胞的分裂、植株的生长、矿质元素的吸收、肌肉的收缩、神经冲动的传导等。

呼吸过程能为体内其他化合物的合成提供原料。在呼吸过程中所产生的一些中间产物，可以成为合成体内一些重要化合物的原料。例如，葡萄糖分解时的中间产物丙酮酸是合成氨基酸的原料，同时，保持大气中二氧化碳和氧气的含量保持平衡。

5.4 植物的生长物质

植物激素是植物体内合成的调控生长发育的微量有机物，包括 AUXs、GAs、CTKs、ABA、ETH。其他天然的生长物质有 BRs、多胺、JAs、SAs 和玉米赤霉烯酮等。

植物生长调节剂是具有植物激素效应的化学合成物质。植物生长物质则包括植物激素和植物生长调节剂。

（1）生长素类

是与内源生长素具有相同或相似作用的合成或天然物质的统称。

生长素对生长的促进作用主要是促进细胞的生长，特别是细胞的伸长，对细胞分裂没有影响。植物感受光刺激的部位在茎的尖端，生长素能够促进果实的发育和扦插枝条的生根，因为生长素能够改变植物体内营养物质的分配，在生长素分布较丰富的部分，得到的营养物质就多。

植物生长素生理作用具有两重性：较低浓度促进生长，较高浓度抑制生长。植物不同的器官对生长素最适浓度的要求是不同的：根的最适浓度约为 10^{-10}mol/L，芽的最适浓度约为 10^{-8}mol/L，茎的最适浓度约为 10^{-5}mol/L。

（2）赤霉素类

赤霉素缩写为 GA。在植物体内有两种存在形式：一种是自由赤霉素，易被有机溶剂提取；另一种是结合赤霉素，没有活性。赤霉素在植物体内的分布特点为生长旺盛器官多，衰老器官少；果实、种子含量比营养器官多两个数量级；器官或组织有两种以上赤霉素。赤霉素在发育着的果实、伸长的茎端和根部合成。

赤霉素能促进种子萌发和茎伸长、两性花的雄花形成、单性结实、花粉发育、细胞分裂、叶片扩大、抽薹、侧枝生长、胚轴弯曲变直、果实生长，以及某些植物坐果；同时，赤霉素可抑制成熟，促进侧芽休眠，促进衰老等。

（3）细胞分裂素

细胞分裂素缩写为 CTK。在植物体内存在形式为游离的细胞分裂素和在 tRNA 中的细胞分裂素，主要分布在细胞分裂的部位。细胞分裂素的生理作用表现为促进和抑制两方面，促进细胞分裂、细胞膨大、地上部分分化、侧芽生长、叶片扩大、叶绿体发育、养分移动、气孔张开、偏上性生长、伤口愈合、种子发芽、形成层活动、根瘤形成、果实生长；抑制不定根和侧根形成，延缓叶片衰老。

（4）乙烯

在体内以 SAM 的形式溶于水，经催化变成 ACC 运输，在有氧条件下经 ACC 氧化酶形成乙烯气体，花叶脱落衰老和果实成熟时会产生很多乙烯。在细胞的液泡膜内表面合成。其生理作用主要表现为解除休眠、地上部和根的生长分化、不定根形成、叶片和果实脱落、某些植物花诱导形成等。

（5）脱落酸

缩写：ABA、S-ABA、R-ABA，在根、茎、叶、果实种子的细胞质基质中合成，可在木质部和韧皮部运输，大多在韧皮部。

其生理作用和应用主要是：促进叶、花、果脱落，气孔关闭，侧芽生长，块茎休眠，叶片衰老，光合产物运向发育着的种子，种子成熟，果实产生乙烯，果实成熟；抑制种子萌发、IAA 运输、植物生长。

5.5　植物的生长生理

种子植物的生命周期要经过胚胎形成、种子萌发、幼苗生长、营养体形成、生殖体形成、开花结实、衰老和死亡等阶段。通常将生命周期中呈现的个体及其器官形态结构的形成过程称为形态发生或形态建成。伴随着形态建成，植物体发生着生长、分化和发育等变化。

（1）发育

将在生命周期中，生物的组织、器官或整体在形态结构和功能上的有序变化过程称为发育。发育概念是从广义上讲的，泛指生物个体的发生与发展；而狭义上的发育则通常指生物从营养生长向生殖生长的有序变化过程，其中包括性细胞的产生、受精、胚胎形成，以及亲本繁殖器官的产生等。人们通常而言的生长发育中的发育是狭义的发育。

（2）生长与分化

1）生长

将在生命周期中，生物的细胞、组织和器官的数目、体积或干重不可逆的增加过程称为生长。它不仅包括原生质的增加、细胞体积的增大，也包括细胞的分裂。例如根、茎、叶、花、果实和种子的体积增大或干重增加都是典型的生长现象。通常将营养器官（根、茎、叶）的生长称为营养生长，繁殖器官（花、果实、种子）的生长称为生殖生长。

2）分化

将来自同一合子或遗传上同质的细胞转变为形态上、机能上、化学构成上异质细胞的过程称为分化。分化是一切生长所具有的特性，可以在细胞、组织、器官的不同水平上表现出来。例如从受精卵细胞分裂成胚，从生长点转变成叶原基、花原基，从形成层转变成输导组织、机械组织、保护组织等。此外，薄壁细胞分化成厚壁细胞、木质部、韧皮部，植物的茎上分化出叶及侧芽、侧枝，根上分化出侧根、侧毛等。这些转变过程都是分化，正是由于这些不同水平的分化，植物的各部分才具有异质性，即具有不同的结构与功能。这些形态、结构与功能上的分化是以细胞或组织内的生长分化为基础的。由于细胞与组织的分化通常是在生长过程中发生的，因此分化又可被看作变异生长。

3）生长、分化和发育的相互关系

生长、分化和发育三者之间关系密切，有时相互交叉或相互重叠。例如，在茎的分生组织转变为花原基的发育过程中，不但有细胞的生长，而且有细胞的分化，似乎这三者之间并没有明确的界限。但根据它们的性质和表现是可以区别的：生长是量的变化，是基础；分化是质变；而发育则是器官或整体的有序的量变和质变。通常发育包含了生长和分化两个方面，也就是说生长和分化贯穿了整个发育过程。例如花的发育，包括花原基的分化和花器官各部分的生长；果实的发育包括果实各部分的生长和分化等。这是因为发育只有在生长和分化的基础上才能进行，没有生长和分化就不可能进行发育，没有营养物质的积累、细胞的增殖、营养体的生长和分化，也就不可能有生殖器官的生长和分化，就没有花和果实的发育。当然，生长和分化同时也要受到发育的制约。植物某些器官的生长和分化往往要通过一定的发育阶段后才能开始。如水稻必须生长到一定的叶数以后，才能接受光周期诱导，而水稻幼穗的生长和分化都必须在通过光周期的发育之后才能进行；油菜在抽薹前后会长出不同形态的叶片，这也表明不同的发育阶段需要有不同的生长量的积累或达到一定的分化类型。

植物的发育是植物遗传信息处在内外条件影响下有序表达的结果。发育在时间上有严格的顺序，如种子发芽、幼苗成长。同样，发育在空间上也有巧妙的布局，例如茎上叶原基的分布按一定的排列方式形成叶序；花原基的分化通常由外向内进行，先产生萼片原基，以后依次产生花瓣、雄蕊、雌蕊等原基；在胚生长时，胚珠周围的组织也同时生长。

（3）植物生长的周期性

植物器官或个体的生长速度按昼夜或季节发生有规律的变化现象叫作植物生长周期性，它受植物内部因素和外界条件变化的控制。

生长的昼夜周期性。温度、光照和植物体内水分状况是引起植物生长昼夜性的主要原因。一天中，昼夜光照强度变化显著，温度高低也不同，因而植物生长就产生了昼夜周期性。

生长的季节周期性。农作物的生长发育进程大致有四种情况：春播、夏长、秋收、冬藏；春播、夏收；夏播、秋收或秋播；幼苗（或营养体）越冬、春长、夏收。这种植物在一年中生长随季节变化而呈现一定周期性的现象，就是生长的季节周期性，它是与温度、光照、水分等因素的季节性变化相适应的。例如在春天，日照延长、温度回升，为植物芽或种子萌发提供了最基本的条件；到了夏天，光照进一步延长，温度不断升高，作物开始茂盛生长并逐渐成熟；秋季则日照缩短、气温下降，植物出现落叶或休眠等现象，都是植物生长季节周期性变化的表现。

生物钟。人们在观察菜豆叶子的就眠运动时发现，菜豆叶子白天呈水平状，而晚上呈下垂状，而且这种就眠运动即使在外界连续光照或连续黑暗及恒温条件下也能较长时间地保持，因此，认为它是一种内源性节奏现象。由于这种生命活动内源性节奏的周期是 $20\sim28h$，而不是准确的 $24h$，因此称为近似昼夜节奏或生物钟。

生物钟的现象在生物界广泛存在（植物、动物和人类都有生物钟）。植物方面的例子有很多，如膝间藻的发光现象，高等植物的花朵开放、叶片运动、气孔开闭、蒸腾作用、胚芽鞘的生长速度等。生物钟具有明显的生态学意义，如有些花在清晨开放，而另一些花在傍晚开放，分别为白天和晚上活动的昆虫提供了花粉和花蜜。有些藻类只在一天的同一时间释放雌雄配子，这样就增加了交配的机会。

（4）植物的休眠与种子萌发

1）休眠

大多数植物都要经历季节性的不良气候时期，如果不存在某种保护性或防御性机理，便会受到伤害或致死。植物的整体或某一部分在某一时期内生长和代谢暂时停滞的现象，叫作休眠。植物的休眠包括种子休眠和芽休眠。种皮的结构、种胚发育情况及生理成熟快慢等因素影响种子的休眠。芽休眠主要受日照长度的控制，此外，水分、矿物质不足及低温也是引起芽休眠的原因。植物激素对种子、芽或其他贮藏器官的休眠具有重要的调节作用。脱落酸能诱导种子休眠，它是种子及芽萌发强有力的抑制剂；而赤霉素则能解除脱落酸的作用，促进种子萌发；细胞分裂素的作用是阻滞脱落酸的影响，而使赤霉素的作用得以表现。这样当种子中脱落酸含量降低，而赤霉素的含量增高时，就能解除休眠。

2）种子萌发

种子的萌发过程大致可分为三个阶段：吸水萌动、内部物质与能量的转化、胚根突破种皮。

种子萌发过程中最明显的变化是从种子到幼苗所发生的形态上的变化。胚根向地下延伸，随后长出胚芽伸出地面，展开幼叶，再不断形成新的根、茎、叶等，这样就形成了一个新的独立生活的幼苗个体。发芽的种子在胚生长初期利用种子中的贮藏营养进行呼吸作用，直到胚芽出土形成绿色幼苗后，才开始进行光合作用，自己制造有机物。因此，种子贮藏的营养物质多则出苗快，且整齐健壮，反之则迟迟不能出苗，或长出瘦苗、弱苗，易遭受病虫危害。因而在生产上选择大粒饱满的种子播种，是获得壮苗的基础。

3）影响种子萌发的条件

影响种子萌发的主要外因有水分、温度、氧气，有些种子的萌发还受光的影响。

① 水分。水分是种子萌发的第一条件。种子只有吸收了足够的水分才能萌发。种子吸水后，种子中的原生质胶体才能由凝胶转变为溶胶，使细胞器结构恢复。同时吸水能使种子呼吸上升，代谢活动加强，促进贮藏物质水解成可溶性物质供胚发育。另外，吸水后种皮膨胀软化，一方面有利于种子内外气体交换，增强胚的呼吸作用；另一方面也有利于胚根、胚芽突破种皮而继续生长。种子萌发时吸水的多少与种子水分、温度及环境中水分的有效性有关。一般含淀粉多的种子，萌发时需水较少，这是因为淀粉亲水性较小。如禾谷类作物种子一般吸水量达到种子干重的 30%～50% 时，就能萌发；蛋白质含量高的种子，吸水量较多，一般要超过种子重量时才能发芽，这是因为蛋白质有较大的亲水性；而油料作物种子除含较多的脂肪外，往往也含有较多的蛋白质，因此，油料作物种子吸水量通常介于淀粉种子和蛋白质种子之间。

在一定温度范围内，温度高则种子吸水快，萌发也快。例如，早春水温低，早稻浸种要 3～4d，夏天水温高，晚稻浸种 1d 就能吸足水分。土壤中水分不足时，种子不能萌发，但土壤中水分过多，则会使土温下降，缺乏氧气，对种子萌发不利，甚至引起烂种。一般种子在土壤中萌发所需的水分条件以土壤饱和含水量的 60%～70% 为宜。这样的土壤，用手握可成团，掉下来可散开。

② 温度。种子的萌发是由一系列酶催化的生化反应引起的，因而受温度的影响较大，并有最低、最适和最高温度三个基点。在最低温度时，种子能萌发，但所需时间长，发芽不整齐，易烂种。种子萌发的最适温度是指在最短的时间内萌发率最高的温度。高于最适温度，虽然萌发速度较快，但发芽率低。而低于最低温度或高于最高温度，种子就不能萌发。

虽然在最适温度下，种子萌发最快，但由于呼吸强，消耗的有机物较多，供给胚的养料相应减少，结果幼苗生长细长柔弱，对不良条件的抵抗力较差。因此，种子的适宜播种期一般应稍高于最低温度，而低于最适温度。生产上为了早出苗，早稻可采用薄膜育秧，其他作物则可利用温室、温床、阳畦、风障等设施来提早播种。

③ 氧气。种子萌发与胚生长是活跃的生命活动，需要旺盛的呼吸作用供应能量消耗，因而需要足够的氧气。对一般作物种子需在 10% 以上氧浓度才能正常萌发，当氧浓度低

于 5% 时，很多作物的种子不能萌发。油料作物种子萌发时需要的氧气更多，如花生、大豆和棉花等。因此，对这类种子宜浅播。但也有的种子在 2% 的含氧条件下仍可萌发，如马齿苋、黄瓜等。种子萌发所需的氧气大多来自土壤空隙中。如土壤板结或水分过多，则会造成氧气不足，种子只能进行无氧呼吸，产生酒精，影响萌发，甚至造成烂种。因而精细整地、排水，改善土壤通气条件，有利于种子萌发和培育壮苗。

④ 光照。大多数作物的种子，只要水、温、氧条件满足就能萌发，不受有无光的影响，这类种子可称为中光种子，如水稻、小麦、大豆、棉花等；有些植物如莴苣、紫苏、胡萝卜等的种子，在有光条件下萌发良好，在黑暗中则不能发芽或发芽不好，这类种子可称为需光种子；还有些植物如葱、韭菜、苋菜等的种子则在光照下萌发不好，而在黑暗中反而发芽很好，可称为嫌光种子。

5.6　植物的成花生理

高等植物从种子萌发到结出新种子的过程叫作一个生活周期。以开花为界（从花芽分化开始），植物生长可分为以营养生长为主的营养生长期和以生殖生长为主的生殖生长期。花熟状态之前的时期称为幼年期，是从营养生长转变为生长的标志。达到花熟状态以后，一旦遇到适宜的外界环境条件，植物就开始花芽分化。茎端分生组织由营养生长转向生殖生长。

通常将植物的开花过程分为三个阶段：① 成花诱导：接收信号诱导后，特异基因启动，使植物改变发育进程，进入成化决定态；② 成花启动：指分生组织在形成花原基之前的一系列反应，以及分生组织分化成可辨认的花原基的全过程，也称为花的发端；③ 花发育：指花器官形成阶段。

5.6.1　春化作用

（1）概念和反应类型

春化作用是指低温诱导促进开花的作用。人为满足植物开花所需的低温条件，促进植物开花的措施，叫作春化处理。有些植物对低温的要求是绝对的，如萝卜，若不经过低温，就一直保持营养生长状态，绝对不开花，一般二年生和多年生植物属于此类，这类植物通常要在营养体达到一定大小时才能感受低温。另外一些植物对低温的要求是相对的，低温能促进植物开花，但未经低温处理的植株虽然营养生长期延长，但最终也能开花。一般冬性一年生植物属于此种类型，这类植物在种子吸涨以后，就可感受低温。

（2）条件

低温是春化作用的主要条件。最适 $1\sim2℃$，但只要有足够的时间，$-1\sim9℃$ 内都同样有效。低温持续时间随植物种类而定，在一定的期限内春化的效应随低温处理的时间延长而增加。春化时间一般由数天到二三十天。如根据原产地的不同，小麦可分为冬性、半冬性和春性三种类型，一般冬性越强，要求的春化温度越低，春化的时间也越长。需要春化的植物，经过低温春化后，往往还要在较高温度和长日照条件下才能开花。因此，春化过程只对植物开花起诱导作用。植物在缺氧条件下不能完成春化；小麦种子吸涨后可以感受低温通过春化，而干燥种子则不能通过春化；体内糖分耗尽的小麦胚不能感受春化；如果添加2%的蔗糖后，则可感受低温而接受春化。植物春化时除了需要一定时间的低温外，还需要有充足的氧气、适量的水分和作为呼吸底物的糖分。

（3）应用

1）春小麦在播种前经春化处理可以使其提早成熟，避开后期的"干热风"；冬小麦春化处理后可以春播或补种小麦；育种上可以繁殖加代。

2）南北引种时，北种南引，要注意种子是否能够通过春化，否则只进行营养生长；南种北引时，要注意冻害。

3）花卉种植时可以通过春化或去春化的方法提前或延迟开花。通过去春化处理还可以延缓开花。

5.6.2　光周期现象

（1）概念

光周期是指白天和黑夜的相对长度，对花诱导有着极为显著的影响，同种植物开花对日照有不同的反应。植物开花对白天和黑夜相对长度的反应称为光周期现象。

（2）植物光周期反应类型

根据植物开花对光周期的反应不同，光周期反应可分为下列几个类型：

1）长日植物：指日照长度必须大于临界日长才能开花的植物。延长光照，则加速开花；缩短光照，则延迟开花或不能开花。

2）短日植物：指日照长度必须小于临界日长才能开花的植物。如适当缩短光照，可提早开花；但延长光照，则延迟开花或不能开花。

3）日中性植物：指在任何日照条件下都可以开花的植物。

此外，有些植物的花诱导和花形成两个过程是明显分开的，且需要不同的日照长度，将这类植物称为双重日长类型。

（3）光周期理论在生产中的应用

1）引种和育种——考虑植物能否及时开花结实。同一种植物，由于地理分布不同，形成了对日照长短需求不同的品种。

短日照植物，南种北引，生育期延迟，宜引早熟种；北种南引则相反。

长日照植物，南种北引，生育期缩短，宜引迟熟种；北种南引则相反。

南方大豆，种在北京，营养生长期长，茂盛，花期晚，天冷，结荚少。东北大豆种在北京，开花早，植物很小就开花，产量不高。南麻北种，生长旺盛，季节长，可提高纤维质量。

在育种上，通过人工光周期诱导，可以加速良种繁育、缩短育种年限。

2）控制开花——人工控制光周期，可促进或延迟开花。菊花（短日植物）原在秋季开花，现经人工处理，可在每年六、七月开花。对于长日性的花卉，人工延长光照或暗期间断，可提早开花。人为延长或缩短光照时间，控制植物花期，可解决花期不遇问题，对杂交育种有很大的帮助。

3）调节营养生长和生殖生长

增加营养体的产量：如对短日植物间断暗期，或南种北引，推迟开花，增加产量。对短日植物麻类，南种北引可推迟开花，使麻秆生长较长，提高纤维产量和质量。利用暗期光间断处理，可抑制甘蔗开花，提高产量。

5.7 植物的抗逆生理

5.7.1 逆境的概念和种类

逆境是指对植物生存生长不利的各种环境因素的总称。

逆境种类：① 物理逆境：热害、冷害、干旱、淹水、光辐射、机械损伤、电伤害、磁伤害、风害。② 化学逆境：养分缺乏、养分过剩、低 pH 值、高 pH 值、盐害、空气污染、农药污染、毒素。

5.7.2 抗逆性及方式

植物对逆境的抵抗和忍耐能力就是植物的抗逆性。植物抗逆的方式有两种：一种是逆境逃避，是指植物在整个发育过程中不与逆境相遇，或指植物在逆境胁迫到来之前，已完成其生育周期；另一种是逆境忍耐，是指植物通过自身的生理生化变化来适应环境的能力。

（1）抗冷性

1）概念

冰点（0℃）以上的低温对植物的伤害叫冷害。植物对冰点以上低温的适应叫抗冷性。热带、亚热带植物易受冷害。冷害时植物体内生理生化有变化：膜透性增加、细胞内原生质的流动性降低、引起细胞缺水的次级胁迫伤害、降低植物对水分的吸收、引起光合强度的下降、引起对冷敏感植物的呼吸异常。很多植物在低温初期，呼吸强度增加，随低温时间的延长，呼吸下降、有机物分解占优。

2）冷害机理

① 膜发生相变，由液晶态变为凝胶态。

② 膜结构改变，降低膜透性，产生破损。

③ 代谢紊乱，光合与呼吸变化，吸收机能衰退。

④ 运输受阻，酶促反应失调。

3）提高植物抗冷性的措施

① 植物在低温环境下逐步适应的过程叫作低温锻炼，经过低温锻炼的植物，膜不饱和脂肪酸数量增加，不饱和脂肪酸指数提高，膜相变温度降低。

② 化学诱导。

③ 合理施肥。

（2）抗冻性

1）概念

冰点（0℃）以下的低温对植物的伤害叫作冻害。植物对冰点以下低温的适应叫作抗冻性。常与霜害伴随发生。类型：细胞内结冰与细胞间结冰。冻害伤害症状：叶出现烫伤样，组织柔软，叶色变褐，终至枯死。

2）冻害的机理

① 使原生质严重脱水，蛋白质变性，原生质不可逆凝胶化。

② 冰晶体对细胞造成机械伤害。

③ 解冻过快对细胞造成伤害，解冻时温度回升快，原生质失水，组织干枯。

3）提高植物抗冻性的措施

① 抗冻锻炼：经过锻炼的植株，其膜脂的不饱和脂肪酸含量增加，相变温度降低，透性稳定，细胞 NADPH/NADP$^+$ 的比例增高，ATP 含量增加。

② 化学诱导控制：植物生长物质如 CTK、ABA、2，4-D 等能提高植物的抗冷性，其原因可能是通过影响其他生理过程而产生的间接作用，如 ABA 很可能就是通过使气孔关闭保持细胞水分平衡，而使低温不至于派生干旱的影响。

③ 加强田间管理：调节氮、磷、钾比例，使用薄膜等覆盖，培育壮苗等。

（3）植物的抗热性

1）概念

高温对植物的伤害称为热害。抗热性是植物对高温胁迫的一种适应。热害与温度和作用时间有关。高温对植物产生直接伤害和间接伤害：直接伤害是蛋白质变性与凝固的伤害，间接伤害是脱水的旱害。

2）植物耐热的机理

内部因素：不同生长习性的植物耐热性不同；植物在不同生育时期，在不同部位，其耐热性也有差异。疏水键、二硫键越多的蛋白质，其抗热性就越强。

外部条件：温度、湿度、矿物质营养与耐热性都有关系。

第6章 园林土壤与肥料基本知识

6.1 土壤的物理性质

6.1.1 土壤孔隙度

土壤孔性、结构性和耕性是土壤重要的物理性质，三者密切相关。三者对土壤的松紧状况均有影响，而土壤的松紧状况可延伸影响到根的发育及植物生长发育，影响土壤水分、空气、养分的转化。

（1）土壤孔性

土壤孔性包括孔隙的数量、大小及其比例，土壤孔隙的数量用孔隙度或孔隙比表示。

（2）土壤孔度

土粒或团聚体之间，以及团聚体内部的空隙叫作土壤孔隙。土壤孔隙的容积占整个土体容积的百分数是土壤孔度，又称总孔度。它是衡量土壤孔隙的数量指标。

（3）孔隙的分级

土壤孔度与孔隙比只能说明土壤"量"的问题，并不能说明土壤孔隙"质"的差别，即使两种土壤孔隙（度）与孔隙比相同，如果大小孔隙的数量分配不同，则它们的保水、透水、通气，以及其他性质也会有差异。因此，应将孔隙按其大小和作用分为若干级。

（4）土壤相对质量密度

土壤相对质量密度是指单位容积固体土粒（不包括粒间孔隙）的干重与同体积水的质量之比（4℃时水的密度为 $1g/cm^3$）。

（5）土壤结构的类型及其特性

1）块状结构

2）核状结构

3）柱状结构

4）片状结构

5）团粒结构

6.1.2 土壤的物理机械性与耕性

（1）土壤耕性

土壤耕性泛指耕作中土壤所表现的各种性质，以及在耕作后土壤的表现。耕性的内容一般可归纳为三个方面。

1）耕作的难易程度：指土壤对机具的阻力大小。

2）耕作质量：耕作后，土壤性状对植物生长发育的影响，疏松、细碎、平整利于植物生长。

3）宜耕期长短：影响土壤耕性的因素有土壤水分、土壤质地、土壤结构和土壤有机质。

（2）影响土壤物理机械性的因素

1）土壤质地

2）土壤含水量

3）土壤有机质

4）土壤结构

5）土壤交换性阳离子的组成

（3）改良土壤耕性的措施

1）增施有机肥料

2）改良土壤质地

3）创造良好的结构

4）合理灌排

6.2　土壤的化学性质

6.2.1　土壤胶体

（1）土壤胶体的种类

土壤胶体是指土壤中最细微的固体颗粒，胶粒直径一般在 1～100nm。实际上土壤中有效粒径小于1000nm 的黏粒都具有胶体的性质。直径为 1～1000nm 的土粒均属于土壤胶体的范围。

1）矿物质胶体

矿物质胶体包括成分简单的晶质和非晶质的锶、铁、铝的氧化物及其含水氧化物，包括成分复杂的各种类型的层状硅酸盐矿物。

2）有机胶体

有机胶体主要是腐殖质，还包括少量的木质素、蛋白质、纤维素等。腐殖质胶体含有多种官能团（羧基和酚羟基），属两性胶体，所以在土壤中一般带负电，对土壤胶体电荷影响较大，因而影响到土壤的保肥性与供肥性。但有机胶体的稳定性低于无机胶体，容易被微生物分解，要通过施用有机肥加以补充。

（2）土壤胶体的性质

1）土壤胶体具有巨大的比表面和表面能

比表面是指单位重量或单位体积物体的总表面积。因为土壤胶体有巨大的比表面，所以能产生巨大的表面能，这是由于物体表面分子所处的特殊环境所引起的。物体内部，相同分子之间，在各个方向上受到的吸引力相等；表面分子则不同，由于它们与外界的液体或气体介质相接触，因此在内、外方面受到不同的吸引力，不能相互抵消，所以具有多余的表面能。不同土壤胶体的比表面差异较大。

2）带电性

所有的土壤胶体都带有电荷。土壤胶体一般带负电荷，但某些情况下也会带正电荷。

3）土壤胶体的分散性和凝聚性

土壤胶体有两种不同的状态，一种是胶体微粒均匀分散在土壤溶液中，由于胶粒有一定的电动电位，有一定厚度的扩散层相隔，而使之均匀分散成溶胶态，这种现象称为土壤胶体的分散性；另一种状态是胶体微粒彼此连接凝聚在一起而呈絮状的凝胶状态。

（3）土壤的供肥性

1）概念

土壤的供肥性是指土壤供应作物所必需的各种速效养分的能力，是将缓效养分转化为速效养分的能力。土壤供肥力的强弱直接影响作物的生长发育、产量和品质，了解土壤供肥性能对于调节土壤养分和作物营养具有重要的作用。

2）土壤供肥能力

土壤供肥能力可以反映土壤供肥性的强弱，土壤供肥能力表现的主要内容有：土壤供应速效养分的数量、各种缓效养分转变为速效养分的速率及各种速效养分持续供应的时间。

3）提高供肥性的措施

土壤供肥性的调节包括增加速效养分的数量，加强供肥速度，延长供肥时间，使作物所需的各种养分能够全面、充分、持续供应，以保证作物的高产、优质。具体措施如下：

①合理施肥，提高供肥性能

合理施肥是调节和改善土壤养分供应状况、改良和培肥土壤、保证作物丰产的基本条件。因此，建立以有机肥料为基础，有机、无机相结合，并配合各种肥料的施肥体系，对土壤供肥性和保肥性的调节均是有意义的。

②合理耕作和灌溉，促进养分的转化供应。

③用养结合。

④消除有害物质，改善养分的供应状况。

6.2.2 土壤的酸碱性与缓冲性

（1）土壤酸碱性反应

土壤酸碱性既是土壤溶液的性质，又与固相与气相密切相关，当土壤溶液中H^+大于OH^-时，呈酸性反应；反之，OH^-占优势时，呈碱性反应；而H^+与OH^-相等时，呈中性反应。

1）土壤酸性反应

①活性酸

土壤活性酸是由土壤溶液中游离的H^+所表现出来的酸度。

我国土壤的酸碱度是：绝大多数pH值为5～8.5，北纬33℃以北，大部分土壤呈中性至碱性反应；在北纬33℃以南，土壤为多酸性或强酸性。

②潜性酸

由土壤胶体上吸附的H^+和Al^{3+}所引起的酸度。这些离子呈吸附态时不表明酸性，当它们从胶体上解离或被其他阳离子所交换而转移到溶液中后，才表现出来；而吸附性Al^{3+}被解析到溶液中后，通过水解作用产生H^+而导致酸性。

2）土壤碱性反应

① 土壤碱性的来源

除了用平衡溶液的 pH 值表示以外，还可用土壤中碱性盐类特别是 Na_2CO_3 和 $NaHCO_3$ 来表示。碱性土壤中氢氧离子的来源主要是弱酸强碱盐水解的结果。土壤中常见的弱酸强碱盐有磷酸根及重磷酸根的钾、钠、钙、镁盐。

② 碱性的表示方法

土壤碱性可用 pH 值来表示，土壤中的 pH 值越大，碱性越强。另外，总碱度和碱化度可用来表示碱性的强弱，也可以用总碱度和碱化度表示。

3）影响土壤酸碱性的因素

① 气候

② 地形

③ 母质

④ 植被

⑤ 人类活动

⑥ 盐基饱和度

⑦ 氧化还原条件

4）土壤酸碱性对土壤养分和作物生长的影响

不同作物，由于其生物学特性有差异，对土壤 pH 值的要求也不同，但对大多数植物而言，pH 值为 6.0～7.5。

（2）土壤的缓冲性

土壤的缓冲性（缓冲作用）是指将酸或酸性盐、碱或碱性盐施入土壤后，在一定限度内，土壤具有抵抗这些物质，改变土壤酸碱反应的能力。

由于土壤具有缓冲性，使它可以稳定土壤溶液的反应，使土壤的酸碱变化保持在一定的范围内。如果土壤没有这种特性，那么微生物和根的呼吸、施用肥料、有机物质的分解等过程均会引起土壤反应的剧烈变化，同时也会引起养分形态的改变，从而影响养分的有效性，使作物难以适应已变化的环境。

6.3　化学肥料

6.3.1　土壤氮素与氮肥

（1）土壤中氮素的来源及其含量

1）来源：施入土壤中的化学氮肥和有机肥料、动植物残体的归还、生物固氮、雷电降雨。

2）含量

我国耕地土壤全氮含量为 0.04%～0.35%，与土壤有机质含量呈正相关关系。

（2）土壤中氮素的转化

1）有机态氮的矿化

在微生物作用下，土壤中的含氮有机质被分解形成氨的过程。

过程：有机氮→氨基酸→氨

2）土壤黏土矿物对 NH_4^+ 的固定

吸附固定：由于土壤黏土矿物表面所带负电荷而引起的对 NH_4^+ 的吸附作用。

晶格固定：NH_4^+ 进入膨胀性黏土矿物的晶层间而被固定的作用。

3）氨的挥发损失

在中性或碱性条件下，土壤中的 NH_4^+ 转化为 NH_3 而挥发的过程。

过程：$NH_4^+ \rightarrow NH_3 + H^+$

4）硝化作用

在有氧条件下，通过亚硝酸盐菌和硝酸盐菌的作用，将氨氧化成亚硝酸盐、硝酸盐的过程。

5）无机氮的生物固定

土壤中的铵态氮和硝态氮被微生物同化为其躯体的组成成分而被暂时固定的现象，包括微生物反硝化作用和化学反硝化作用。微生物反硝化作用分两步进行：一是硝酸盐还原成亚硝酸盐；二是亚硝酸盐还原成氨。

6.3.2 土壤磷素与磷肥

（1）植物体内磷含量与分布

1）磷含量。占干物质重的 0.2%～1.1%，其中：有机态为 85%（核酸、磷脂），无机态为 15%（磷酸盐）。作物某一部位的无机磷含量，可作为诊断磷营养的指标。

2）分布。集中在幼芽和根尖，再利用能力强达 80% 以上。

（2）磷的生理作用

1）磷是植物体内重要化合物的组分，如核酸和核蛋白、磷脂、植素、ATP、辅酶等。

2）磷能加强光合作用和碳水化合物的合成与运转。

3）促进氮素代谢。

4）促进脂肪代谢。

5）提高作物对外界环境的适应性。

（3）植物对磷的吸收

1）吸收形态

主要是正磷酸盐：$H_2PO_4^- > HPO_4^{2-} > PO_3^{3-}$。偏磷酸盐（$PO_3^-$）、焦磷酸盐（$P_2O_7^{4-}$）：偏磷酸盐和焦磷酸盐在植物体内能很快水解转化为正磷酸盐，然后被植物同化，参与新陈代谢。亚磷酸盐（H_3PO_3）和次磷酸盐（H_3PO_2）不易同化，不宜作为磷源。

2）吸收机理

主动吸收，H^+ 与 $H_2PO_4^-$ 共运。吸收部位为根毛区。

（4）植物磷素营养失调症

1）缺磷症

植株生长迟缓，矮小、瘦弱、直立，分蘖或分枝少，根系不发达，花芽分化延迟，落花落果多，成熟延迟，籽实细小。多种作物茎叶呈紫红色，水稻等叶色暗绿。

2）磷素过多

呼吸过旺、碳水化合物消耗过多，无效分蘖、空粒、秕粒增加，易早衰。早花、过早成熟，过多的磷诱发锌、铁、锰缺乏。

（5）土壤磷素

1）土壤中磷的含量

我国耕地土壤全磷量为 0.2～1.1g/kg，呈地带性分布规律（从南到北、从东到西逐渐增加）。

影响因素：土壤母质、成土过程、耕作施肥等。

土壤供磷状况以土壤有效磷含量表示：

土壤有效磷大于 10mg/kg，表示有效磷较高；小于 5mg/kg，表示有效磷不足。

2）土壤中磷的形态及其植物的有效性

① 有机态磷

含量：占土壤全磷量的 10%～50%。

来源：动物、植物、微生物和有机肥料。

影响因素：母质的全磷量、全氮量、地理气候条件、土壤理化性状、耕作管理措施等。

影响有机磷转化的因素：水热条件与土壤的理化性状等，如通气性、pH 值、温度及碳／磷值等。

② 无机态磷

占土壤全磷量的 50%～90%，包括土壤液相磷（以 $H_2PO_4^-$ 和 HPO_4^{2-} 为主）、固相的磷酸盐。

3）土壤磷素的固定

① 化学沉淀：土壤中有效磷与碳酸钙等发生化学反应，形成难溶性磷酸盐的过程。

② 吸附反应：包括专性吸附和非专性吸附。

6.3.3　植物的钾素营养与钾肥

（1）植物体内钾的含量与分布

1）含量

植物体内钾含量一般为植株干重的 1%～5%，是植物体中含量最多的金属元素。

2）形态

植物体内的钾始终是以离子的形态存在的，但可以是游离态，也可以是吸附态。

3）分布

在植物体内，钾主要分布在代谢活跃的器官或组织中。在成熟的植物体内，钾主要分布在茎叶中，而种子中的含钾量很低。

（2）钾的营养功能

1）促进酶的活化：在生物体内，钾可作为 60 多种酶的活化剂，所以能促进多种代谢反应。

2）促进光合作用。

3）促进糖代谢。

4）促进氮素吸收和蛋白质的合成。

5）促进植物经济用水。

6）增强作物的抗逆性，包括抗旱、抗寒、抗病虫害等的能力。

（3）植物对钾的吸收

1）主动吸收。占主导地位，具有自动调节功能。

2）被动吸收。外界钾离子浓度过高时，吸收曲线呈"二重图形"。

（4）钾对作物产量和品质的影响

钾充足，不但能使作物产量增加，而且可以改善作物品质，如油料作物的含油量增加，纤维作物的纤维长度和强度改善，淀粉作物的淀粉含量增加，糖料作物的含糖量增加，果树的含糖量、维 C 和糖酸比提高，果实风味增加，橡胶单株干胶产量增加，乳胶早凝率降低，从这些角度分析，钾通常被称为"品质元素"。

（5）植物钾素营养失调的症状

缺钾时，老叶叶尖和叶缘发黄，进而变褐，逐渐枯萎。在叶片上往往出现褐色斑点，甚至成为斑块，但叶中部靠近叶脉附近仍保持原来的绿色。严重缺钾时，幼叶也会出现同样的症状。

6.4　有机肥料

6.4.1　概念

凡以有机物质作为肥料的均是有机肥料。通常所说的有机肥料主要指农村中的就地取材、就地积制、就地施用的一切自然肥料，所以又叫农家肥。

6.4.2　有机肥料种类及特点

有机肥的分类没有统一的标准，更没有严格的分类系统。目前主要根据有机肥的来源、特性与积制方法来分类。有机肥料一般分为以下几类：

（1）粪尿肥

主要包括人粪尿、畜粪尿、禽粪、厩肥、蚕沙、海鸟粪等，含有丰富的有机质和多种养分，对培养地力有明显的作用。

（2）堆沤肥

主要包括秸秆还田、堆肥、沤肥和沼气池肥等，我国秸秆还田率较高，每年用作有机肥的秸秆就有 1.3 亿 t，可提供氮素 66 万 t，可提供钾素 99 万 t。秸秆还是堆、沤肥和家畜垫圈的重要原料。

（3）绿肥

主要包括野生绿肥和栽培绿肥，中华人民共和国成立以来，我国绿肥种植面积逐年扩大，1976 年达到 0.12 亿 hm^2，以后逐年下降，1990 年略有回升，为 0.08 亿 hm^2。目前我国多以种植饲料绿肥为主，直接翻耕的绿肥较少。

（4）杂肥

包括城市垃圾、泥土肥、草木灰、草炭、腐殖酸类肥料、油粕类肥料、污水污泥等。随着城镇人口和农副产品加工业的增多，杂肥在生产中所占的地位越来越重要，尤其是垃圾肥，可以变废为宝。

6.4.3　有机肥料在农业生产中的作用

（1）有机肥料是作物矿质营养的仓库

（2）改善土壤理化性状

1）改善土壤结构

2）增加土壤持水量

3）改善土壤热量状况

4）提高土壤阳离子交换量

5）降低土壤对磷的吸附，提高土壤磷的解吸能力

（3）减轻或防止土壤侵蚀

（4）减轻环境污染，美化净化环境

（5）提高土壤的生物活性和生化活性

（6）缓和能源与资源紧张的矛盾

6.4.4　粪尿肥和厩肥

（1）人粪尿

1）组成：人粪、人尿

2）性质

pH 值一般呈中性反应。气味：粪具有令人不快的气味。

3）人粪尿的合理贮存及保氮措施

贮存原则：减少养分的渗漏与挥发，消灭病原菌的传播。

措施：防渗、防挥发储存，加保氮物质，粪、尿分存，无害化处理，消灭病菌。

4）粪尿的无害化处理

加盖沤制、密封堆制、药物处理。

5）人粪尿的施用

① 人粪尿宜施用在叶菜类作物、禾谷类作物和纤维类作物，不宜施用在对氯敏感的作物。

② 适宜施用在各种土壤，但由于含有高量的钠，故要配合其他有机肥料施用。

③ 可作为基肥和追肥，作为追肥时应兑水稀释后施用。

④ 人粪尿是一种富含氮的速效有机肥，特别是人尿，应配合磷、钾肥的施用。

⑤ 用人尿浸种，出苗早，苗生长健壮。

（2）厩肥

厩肥是家畜粪尿和各种垫圈材料、饲料残屑一起混合积制而成的肥料，分为土粪和草粪。

厩肥成分依家畜种类、饲料优劣、垫圈材料和用量等不同而不同。鲜厩肥含有较多的纤维素、半纤维素，直接施用会与作物争氮，应堆腐后施用。

厩肥的积制及变化主要有两个过程：一是有机质的分解，它们在微生物的作用下分解为较简单的化合物，最后转变为二氧化碳、水和矿质养分，并释放出能量，为微生物提供能量，分解过程中的中间产物可为合成腐殖质提供原料；二是腐殖质的合成，即有机质分

解过程中形成的中间产物，再合成为更复杂的腐殖质，也需要微生物的作用，属生物化学过程。一般积制方法有圈内积制和圈外堆积。

6.5 园林植物施肥

6.5.1 概述

园林苗木生长地的土壤条件相当复杂，既有贫瘠的荒山荒地，又有盐碱地和人为干扰及翻动过的地段。不是土壤结构不良，只不过是缺肥、缺水或排水、通气不畅所致。所以，科学施肥以改善土壤理化性质、提高土壤肥力，从而增加苗木营养，是保持苗木健康长寿的有力措施之一。

6.5.2 施肥特点

（1）园林苗木属于多年生植物，长期生长在同一地点，从施入肥料的种类来看，应以有机肥为主，还要适当施用化学和生物肥料。施肥方式以基肥为主，基肥与追肥兼施。

（2）园林苗木种类繁多、习性各异、作用不一，防护、观赏或经济效用不同，因此就反映出施肥种类、用量和方法等方面的差异。

（3）园林苗木生长地的环境条件情况差距很大，既有高山、丘陵，又有水边、低湿地及建筑周围等，这样便增加了施肥的困难，所以应根据栽培环境的特点，采用不同的施肥方法。

6.5.3 施肥原则

施肥时应根据苗木自身需肥情况、天气情况、土壤状况等全面考虑，并且要按比例地施用氮、磷、钾和微量元素，用来满足苗木对养分的平衡需要。也就是说，应正确选定最适宜的施肥期、肥料种类和施肥量。

6.5.4 肥料选用

通常将肥料分为有机肥料、无机肥料与微生物肥料三种。

（1）有机肥料。有机肥料是将有机质当作主要组成的肥料。此类肥料一般由动植物的残骸、人粪尿和土杂肥等经过充分腐熟后制成。堆肥、厩肥、绿肥、饼肥、鱼肥、血肥、人粪尿、家畜与鸟类的粪便，屠宰场的下脚料、马蹄掌以及秸秆、枯枝、落叶等经过腐熟后均可成为有机肥。

（2）无机肥料。无机肥料包括经过加工而成的化肥与天然开采的矿物质肥料等。化肥包括单质化肥和复合化肥，多用于追肥。

（3）微生物肥料。微生物肥料一般用对植物生长有益的土壤微生物制成，又分为细菌肥料和真菌肥料等。细菌肥料由固氮菌、根瘤菌、磷化细菌和钾细菌等制成，而真菌肥料是由菌根菌等制成的。

6.5.5　施肥时间

要视苗木生长的情况和季节而定。在生产上，一般有基肥和追肥。基肥施用较早，追肥要巧。

（1）基肥的施用时期

基肥是处于较长时期内供给苗木养分的基本肥料，所以宜施腐殖酸类肥料，如堆肥、厩肥、圈肥、鱼肥、血肥与腐烂的作物秸秆、树枝、落叶等迟效性有机肥料。这些有机肥料需经过土壤中的微生物分解，方能提供大量元素和微量元素给苗木，供它们长时间吸收利用。

（2）基肥的秋施和春施

1）秋施的基肥在秋分前后施入效果最好。秋季施用有机质腐烂分解的时间较充分，可以提高矿质化程度。秋施基肥正处于一些苗木根系生长的高峰，伤根容易愈合，并可发出新根，因此为了提高苗木的营养水平，北方一些地区多在秋分前后施用基肥，时间宜早不宜晚。尤其是对观花、观果及从南方引入的苗木，更应早施。若施肥过迟，则苗木生长不能及时停止，会降低苗木的越冬能力。

2）春施基肥，如果有机质无法被充分分解，肥效发挥较慢，早春不能及时供给根系吸收，到生长后期肥效发挥作用时，通常会造成新梢二次生长，对苗木生长发育不利，特别是对某些观花、观果类苗木的花芽分化及果实发育不利。因此，春施在苗木养护管理实践中较少采用。

第7章 园林植物保护

7.1 园林昆虫基本知识

7.1.1 昆虫的外部形态

昆虫纲成虫的共同特征是：一般身体都是左右对称的，同时由许多体节组成，体壁高度骨化成"外骨骼"的躯壳。其中，单眼和复眼是昆虫感觉和取食的中心；胸足和翅是昆虫运动的中心；腹部多由9～11个体节组成，包含内脏和生殖系统，末端有外生殖器；有的还有一对尾须，是昆虫代谢和生殖的中心。一般从卵到成虫的生长发育过程中，要经过一系列外部形态和内部构造的变化，即变态。昆虫的躯体构造见图7-1-1。

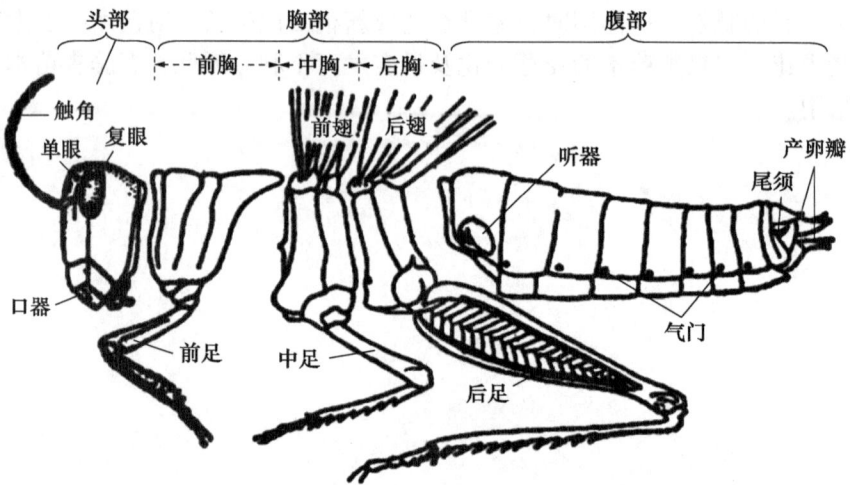

图7-1-1 昆虫的躯体构造

（1）昆虫的头部

1）头壳的分区

头部是昆虫最前面的一个体段，以膜质的颈与胸部相连。头壳坚硬，多呈圆形或椭圆形。位于头壳上方的是头顶，前方是额区，下方是唇区，两侧为颊，后方为后头和后头孔。头部着生有触角、口器和眼。昆虫头部构造见图7-1-2。

2）头部的形式

昆虫由于取食方式的不同，口器的形状和着生位置也发生了相应的变化。根据口器着生的方向，昆虫头部形式如表7-1-1所示。

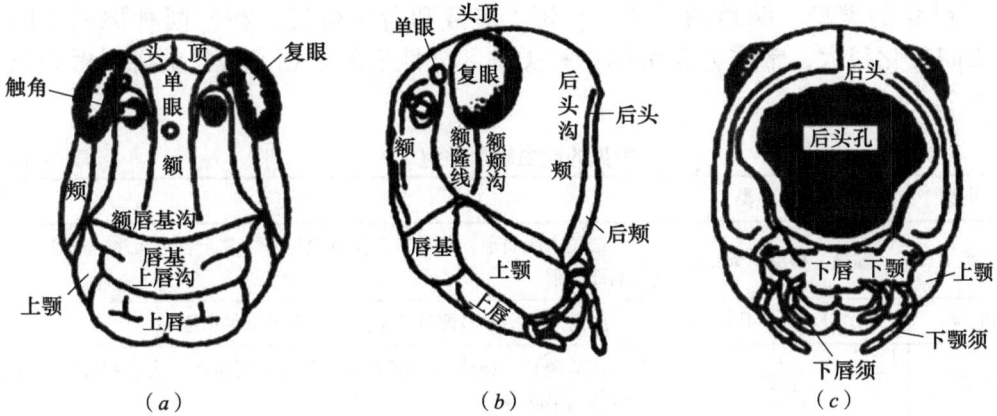

（a）　　　　　　　　　（b）　　　　　　　　　（c）

图 7-1-2　昆虫头部构造

（a）正面；（b）侧面；（c）后面

昆虫头部形式　　　　　　　　　　　　表 7-1-1

序号	形式	图示	特点
1	下口式		口器向下，头部和体躯纵轴差不多成直角。多见于植食性昆虫，如蝗虫、蟋蟀、蝶蛾类幼虫等
2	前口式		口器向前，头部和体躯纵轴差不多平行。多见于捕食性昆虫和一些钻蛀性昆虫，如步行虫
3	后口式		口器向后，头部和体躯纵轴成锐角，多为刺吸式口器的昆虫所具有，如蝉、蚜虫、椿象等

3）触角

触角着生于两复眼之间，是昆虫重要的感觉器官，具有嗅觉和触觉功能，昆虫借以觅食和寻找配偶等。

① 触角的基本构造（图 7-1-3）。触角一般分为柄节、梗节和鞭节三部分。

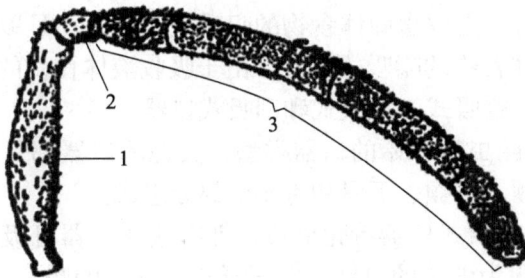

图 7-1-3　触角的基本构造

1—柄节；2—梗节；3—鞭节

67

② 触角的类型。触角的形状、长短、节数和着生位置，在不同种类或不同性别的昆虫间变化很大，常作为识别昆虫种类和区分性别的依据。常见的昆虫触角类型见表 7-1-2。

常见的昆虫触角类型　　　　　　　　　　　　　　　　表 7-1-2

触角类型	昆虫种类	特点
线状	蠹蛄、椿象、天牛等	细长，圆筒形，除基节、梗节较粗外，其余各节大小、形状相似，向端部渐细
刚毛状	蜻蜓、蝉、叶蝉等	触角短，柄节与梗节较粗大，其余各节细似刚毛
念珠状	白蚁	柄节较长，梗节小，鞭节由多个近似圆球形、大小相近的小节组成，形似一串念珠
棒状	蝶类	细长，近端部数节逐渐膨大，形如棍棒或球杆
锤状	小蠹虫、瓢虫等	似棒状，但较短，鞭节端部突然膨大，形似锤状
锯齿状	部分叩头甲及芫菁雄虫	鞭节各亚节的端部向一边凸出，呈锯齿状
栉齿状	部分叩头甲及豆象雄虫	鞭节各亚节向一侧显著凸出，状如梳子
羽状	许多雄性蛾类	又叫双栉状。鞭节各亚节向两侧凸出，呈细枝状，形似羽毛
肘状	蜜蜂类、象甲类	其柄节较长，梗节小，鞭节各亚节形状及大小近似，并与柄节形成膝状或肘状弯曲
环毛状	雄蚊	鞭节各亚节具一圈细毛，越近基部的细毛越长
具芒状	蝇类所特有	鞭节不分亚节，较柄节和梗节粗大，其上有一刚毛状构造（称为触角芒）
鳃叶状	金龟甲	鞭节端部几节扩展成片状，叠合在一起似鱼鳃

4）单眼和复眼

眼是昆虫的视觉器官，在昆虫的取食、栖息、繁殖、避敌、决定行动方向等各种活动中，起着很重要的作用。昆虫的眼有两种。

① 单眼。单眼只能分辨光线强弱和方向，不能看清物体的形状。

② 复眼。有一对，位于头的两侧，由许多表面呈六角形的小眼集合而成，是昆虫的主要视觉器官。一般单眼的数目越多，复眼成像越清晰。

5）口器

口器是昆虫的取食器官。各种昆虫因食性及取食方式不同，形成了不同类型的口器。总的来说，分为三大类：一是取食固体食物的咀嚼式口器，二是取食液体食物的吸收式口器，三是兼食固体和液体食物的嚼吸式口器。由于吸收液体食物的来源不同，吸收式口器又分为刺吸式、锉吸式、虹吸式、舐吸式和刮吸式口器。

① 咀嚼式口器。是昆虫最原始的口器类型，其他的口器都是由咀嚼式口器演化而来的。其结构由上唇、上颚、下颚、下唇和舌 5 个部分组成。

② 刺吸式口器。由咀嚼式口器特化而成，拥有这种口器可吸食植物的汁液。其结构特点是：上颚和下颚特化为细长的口针，下唇延长为分节的喙，口针包藏于喙中。如蝉、叶蝉、蚜虫、椿象等的口器。

③ 虹吸式口器。为蛾、蝶的成虫所特有。其上唇、上颚消失退化；下颚的一对外颚叶非

常发达，组成一个卷曲呈发条状的喙；下唇退化为一小三角形区，但下唇须发达；舌亦退化。

（2）昆虫的胸部

1）胸部的基本构造

胸部是昆虫身体的第二个体段，由前胸、中胸和后胸3个体节组成，每一胸节各具足一对，分别称为前足、中足和后足。在大多数昆虫中，中胸和后胸上各具翅一对，分别称为前翅和后翅。足和翅是昆虫的运动器官，所以胸部是昆虫的运动中心。

2）胸足

① 胸足的结构。胸足着生于侧板和腹板之间，成虫的胸足一般分为6节，由基部向端部依次为基节、转节、腿节、胫节、跗节和前跗节。

② 胸足的类型。昆虫的足原本是适于行走的器官，但由于适应不同的生活环境，有些昆虫的胸足在形态和功能上发生了相应的变化。根据足形态和功能的不同，可以将胸足分为不同的类型，昆虫胸足的类型与特点见表7-1-3。

昆虫胸足的类型与特点　　　　　　　　　　　　　　　表 7-1-3

胸足类型	图示	特点	昆虫种类
步行足		为昆虫中最常见的一类足。一般较细长，无特化现象，适于行走	如步行甲的3对足
跳跃足		腿节特别发达，胫节细长，适于跳跃	如蝗虫、跳蚤的后足
捕捉足		基节延长，腿节腹面有槽，槽边有两排硬刺，胫节腹面也有两排刺，胫节弯折时，正好嵌合于腿节槽内，适于捕捉猎物	如螳螂的前足
开掘足		胫节和跗节扁阔，外缘具齿，适于挖土开掘	如蝼蛄和一些金龟子的前足
游泳足		扁平似桨状，有较长的缘毛，适于划水	如龙虱的后足
抱握足		较短粗，跗节特别膨大，其上有吸盘状构造，在交配时用以抱握雌虫	如雄性龙虱的前足
携粉足		胫节宽扁，外侧凹陷，凹陷的边缘密生长毛，形成携带花粉的花粉篮。同时第一跗节特别膨大，内侧具有多排横列的刺毛，形成花粉刷，用以梳集花粉	如蜜蜂的后足
攀握足		又叫攀登足。各节较短粗，胫节端部具一指状凸起，与跗节及呈弯爪状的前跗节构成一个钳状构造，能牢牢夹住人、畜的毛发等	如虱类的足

3）翅

昆虫是无脊椎动物中唯一有翅的动物，翅最大的特点就是由胸节背板侧缘向外扩展而来，这点与鸟类以及蝙蝠的翅有很大的不同。

① 翅的构造。一般昆虫的成虫均具有两对翅，生在中胸的叫前翅，生于后胸的叫后翅。一般呈三角形，具有三边和三个角。翅展开时靠近前面的叫前缘，靠近后面的叫内缘或后缘，其余一边是外缘。前缘基部的角称肩角，前缘与外缘间的角称顶角，外缘与后缘间的角称臀角。翅面还有一些褶线将翅面划分成腋区、臀前区、臀区和轭区，昆虫翅的分区见图7-1-4。

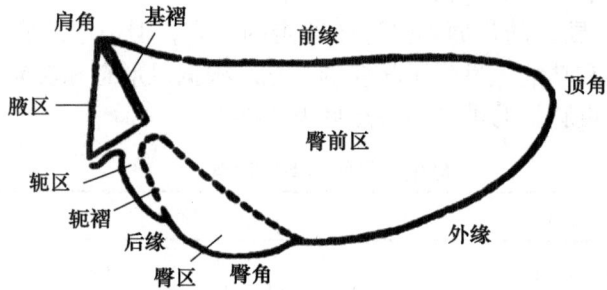

图 7-1-4　昆虫翅的分区

② 翅的类型。不同种类的昆虫，翅的类型也不相同，包括翅的有无、对数、发达程度、质地和被覆物等。翅的类型见表7-1-4。

翅的类型　　　　　　　　　　　　　　　　　　　　　表 7-1-4

翅的类型	图示	特点	昆虫种类
膜翅		翅膜质，薄而透明，翅脉明显可见	蜂类、蜻蜓
复翅		前翅质地坚韧如皮革、半透明，有翅脉	蝗虫等直翅类昆虫
鞘翅		翅质地坚硬如角质，不用于飞行，用来保护背部和后翅	甲虫类
半鞘翅		基半部为皮革质或角质，端半部为膜质，有翅脉	蝽象
鳞翅		翅质地为膜质，但翅上有许多鳞片	蛾蝶类
缨翅		前后翅狭长，翅脉退化，翅的质地膜质，边缘上着生很多细长缨毛	蓟马
平衡棒		其后翅退化成很小的棒状构造	双翅目昆虫和蚧壳虫雄虫

（3）昆虫的腹部

腹部是昆虫身体的第三个体段，昆虫的内脏器官大部分在腹腔内，腹部末端具有外生殖器，所以腹部是昆虫新陈代谢和生殖的中心。

（4）昆虫的体壁

昆虫的体壁是包被在昆虫体躯最外层的组织，体壁起着支撑身体和着生肌肉的作用，与高等动物的骨骼作用相似，所以又被称为外骨骼。昆虫的体壁还具有保护内脏、防止体内水分过度蒸发和防止微生物及其他有害物质侵入的作用。同时体壁上还具有许多感觉器官，可与外界环境取得广泛联系。

7.1.2 园林植物昆虫分类与生态特征

（1）昆虫分类的基本概念

分类阶元是生物分类的排序等级和水平。与其他生物一样，昆虫的分类体系亦采用界、门、纲、目、科、属、种 7 级分类阶元。但在实际应用时，这些等级常显不足，需在目、科之上加总目、总科，在纲、目、科、属之下加亚纲、亚目、亚科、亚属，有时在属与亚科间还要设族和亚族，以适应各类昆虫划分阶元的需要。

学名是物种的科学名称，它在全世界是通用的。每一个种只有一个学名。种的学名由两个拉丁词构成，第一个词为属名，第二个词为种名，种名的后面通常还要附上定名人的姓氏。属名的第一个字母必须大写，种名全部小写，定名人姓氏的第一个字母也要大写。

（2）昆虫的主要分目

昆虫纲分目的依据，主要有翅的有无、形状和质地，触角的类型，口器的构造，尾须的差异及变态类型等。

（3）昆虫的繁殖方式与特性

1）两性生殖。两性生殖是昆虫中最普遍的生殖方式，即雌雄昆虫两性交配后，精子与卵子结合，由雌虫把受精卵产出体外，每粒卵发育成一个子代个体，这种繁殖方式又称为两性卵生。

2）孤雌生殖。孤雌生殖也称为单性生殖，是指卵不经受精就能发育成新个体的现象。有的昆虫在某个时期可以进行两性生殖，而另一时期又会进行孤雌生殖，这种交替生殖叫作异态交替，如蚜虫。而有些昆虫则可同时进行两性生殖和孤雌生殖。

3）卵胎生。指胚胎在母体内完成，即产下的就是幼虫而不是卵。其胚胎的发育是靠卵本身供应，与母体没有关系，如蚜虫。

4）多胚生殖。由一个卵发育成两个或更多个胚胎，最后每个胚胎都发育成一个新个体的现象。这种生殖方式多见于膜翅目中的寄生蜂类，如赤眼蜂、茧蜂等。多胚生殖是对活体寄生的一种适应，因为寄生性昆虫常常不是所有的个体都能找到其相应的寄主，而多胚生殖可以保证一旦找到寄主，就能产生较多的后代。

（4）昆虫的变态与类型

昆虫从卵到成虫的个体发育过程中，不仅随着虫体的长大而发生量的变化，而且在外部形态、内部器官和生活习性等方面也发生周期性的质的改变，这种现象称为变态。昆虫在长期的演化过程中，形成了不同的变态类型，其中最常见的是不完全变态和完全变态。

（5）昆虫的主要习性

1）假死性。就是假装死亡的现象。这种现象是昆虫逃避敌害的一种自卫反应。具有假死性的昆虫如金龟甲、象甲、瓢虫、叶甲等的成虫，可利用这种假死性进行人工捕杀和虫情调查。

2）趋性。趋性是指昆虫对外界刺激（如光、温、湿、化学物质等）所产生的一种强迫性定向活动。趋向的活动称为正趋性，背向的活动称为负趋性。趋性可分为趋光性、趋化性、趋温性、趋湿性等。其中，趋光性和趋化性在害虫防治上应用较广，如灯光诱杀、色板诱杀、食饵诱杀、性诱剂诱杀等。

3）群集性和迁移性

① 群集性。指同种昆虫的大量个体高度密集在一起的习性。一般分为暂时性群集和长期群集两种。暂时性群集是指在昆虫史的某一阶段，经过一段时间就会分散；长期群集指昆虫终生群集生活在一起，不会分离。

② 迁移性。指昆虫为了满足食物和环境的需要，向周围扩散、蔓延的习性，如蚜虫。有的还能从一个发生地长距离迁飞到另一个发生地，如飞蝗等。了解害虫迁飞习性，查明其来龙去脉及扩散转移的时期，对害虫的测报和防治具有重要意义。

7.2　园林植物病害基本知识

7.2.1　植物病害的概念

园林植物在生长发育或产品和繁殖材料的储藏和运输过程中，受到不适应环境条件的影响，或遭受到其他生物的侵袭，使其生理程序和正常功能受到干扰与破坏，从而导致植物在形态、生理和组织上产生了一系列不正常的状态，甚至引发死亡，最终使得经济或者其他方面损失的现象，称之为园林植物病害。

7.2.2　园林植物侵染性病害的发生原因

植物病害是由染病植物、病原和环境条件构成的，这些同时也是植物病害发生、发展的基本因素。

（1）染病植物。染病植物又称寄主，为病原物提供必要的营养物质和生存场所。当病原物作用于植物时，植物本身会对病原进行积极抵抗，当病原物的力量大于植物抵抗力时，就有可能发病；反之，当植物的抵抗力远超过某一致病因素的侵害能力时，病害就不会发生。

（2）病原。病原是指植物病害发生过程中，起直接作用的主导因素。病原按其性质可分为生物性病原和非生物性病原。生物性病原会引起侵染性病害，而非生物性病原则会引起非侵染性病害。

（3）环境条件。环境条件是指直接或间接影响寄主植物及病原的一切生物和非生物条件。外部环境一方面影响病原物的生长发育，另一方面也影响寄主植物的生长发育。如环境条件有利于植物生长发育，而不利于病原的生长活动，那么病害就难以发生，或发展缓慢，植物受害较轻；反之，病害就容易发生或发展很快，植物受害也重。

（4）病三角。是植物病害的发生过程，实质上就是寄主植物、病原物与外界环境条件三个基本因素相互作用的产物。它们之间的这种三元关系，被称为"病三角"关系。在病害的消长过程中，人类活动对病害的发展也有着重大的影响。人类的活动可以助长或抑制病害的发生、发展，也可以传播一些病害。因此，植物病害的发生往往同时受各种自然因素和人为因素的影响。

7.2.3　常见的侵染性病害病原物

（1）园林植物病原真菌。真菌是有细胞核，为丝状体，不含叶绿素或其他光合色素，主要以吸收的方式获取养分，通过产生孢子的方式进行繁殖的一类生物。真菌的营养方式有腐生、寄生和共生三种。

（2）园林植物病原细菌。细菌属于原核生物界的单细胞生物，有固定的细胞壁，但没有定型的细胞核。细菌的形态有球状、杆状或螺旋状。

（3）园林植物病原病毒。病毒是一种不具细胞结构和形态的寄生物，体积极小，只有在电子显微镜下才能观察到。病毒不会主动传播，而是通过接触、嫁接、介体等途径进行传播。

（4）园林植物病原植原体。植原体形态结构介于细菌与病毒之间，它没有细胞壁，但有一个分为 3 层的单位膜，厚度为 8 ～ 12nm。植原体的形态多种多样，最常见的有圆形、椭圆形和不规则形，有的形态发生变异，如蘑菇形或马蹄形。通常病毒和生理性缺素引起的黄化病，施用四环素后不能减轻植物的症状或使它恢复正常，因此，常常可利用这一特性作为诊断植原体病害的重要手段。

（5）园林植物病原线虫。线虫是一类低等的无脊椎动物，属动物界线虫门，在动物中是仅次于昆虫的一个庞大类群。线虫体微小，速度很慢，活动范围一般在 30cm 左右。远距离传播主要依靠种苗调运、肥料、农具及水流等。

（6）园林植物其他病原物。

7.2.4　园林植物非侵染性病害的发生原因

（1）水分失调引起的植物病害

水分直接参与植物体内各种物质的转化和合成，也是维持细胞膨压、溶解土壤中矿质养料、平衡树体温度不可缺少的因素。

1）旱时，缺水植物生长受到抑制，常引起叶片凋萎、黄化，花芽分化减少，以及落叶、落花、落果等现象。如杜鹃对干旱就非常敏感。

2）涝时，水分过多时会造成土壤积水、板结、缺氧，使植物根部呼吸作用受阻，造成叶片变色、枯萎、早期落叶，以及落果等现象，最后引起根系腐烂乃至全株死亡。

3）水分供应发生剧烈变化。如时涝时旱，则极易造成裂果或落花、落蕾、落果等。预防水分失调，一要做到及时排灌；二要根据花木的习性合理种植，做到适地适树；三要在浇灌时尽量采用滴灌或沟灌，避免喷淋或大水漫灌。

（2）因温度不适而引起的植物病害

1）霜害和冻害。低温可以引起霜害和冻害，这是温度降低到冰点以下使植物体内发生冰冻而造成的危害。树木开花期间受晚霜危害，会导致花芽受冻变黑，花器呈水浸状，花瓣变色脱落。阔叶树受霜冻之害，常自叶尖或叶缘产生水渍状斑块，有时叶脉间组织也出现不规则斑块，严重的全叶死亡，化冻后叶变软下垂。

2）寒害。南方热带、亚热带树种，常发生寒害。寒害为冰点以上的低温对喜温植物造成的危害。寒害常见的症状是组织变色、坏死，也可以产生芽枯、顶枯及落叶等现象。

3）高温与日灼。高温能破坏植物正常的生理生化过程，使原生质中毒凝固导致细胞死亡，最后造成茎、叶或果实发生局部的伤害。日灼常发生在园林植物树干的南面或西南面，有的由于土表温度过高，还会使苗木的茎基部受灼伤。症状主要表现为不同的伤斑。土表灼伤，以黑色土壤的苗圃地最为严重。预防温度不适的措施主要有遮阳、灌溉、覆盖、熏烟、涂白、捆绑等。

（3）光照不适宜引起的植物病害

光照过弱可影响叶绿素的形成和光合作用的进行。受害植物叶色发黄、枝条细弱、花芽分化率低、易落花落果，并易受病原物侵染；光照过强一般都与高温、干旱相结合，引起日灼病和叶烧病。

（4）营养物质失调

植物生长发育需要各种营养物质，这些物质由各种化学元素组成，其中植物需要的大量元素有氮、磷、钾、钙、镁、硫，微量元素有铁、锰、锌、铜、硼等。营养元素过多、过少、比例失调都会引起植物发病。

（5）环境污染

主要指空气、水源、土壤和酸雨等的污染，这些污染物对不同的园林植物危害程度不同，引起的症状各异。

（6）植物药害

各种农药（杀虫剂、杀菌剂、杀线虫剂、除草剂、植物生长调节剂）和化学肥料如果使用不当，会对植物产生化学伤害。如除草剂使用不慎会使树木和灌木受到严重伤害，甚至死亡。同一植物不同生育期对农药的敏感性也不同，一般来说，幼苗和开花期的植物对药物更敏感。

（7）土壤酸碱度不适宜

许多园林植物对土壤酸碱度要求严格，若酸碱度不适宜易，则表现出各种缺素症，并诱发一些侵染性病害。如我国南方多为酸性土壤，易缺磷、缺锌；北方多为石灰性土壤，易发生缺铁性黄化病。

7.2.5　园林植物病害的症状

发病的园林植物外表所显现出来的各种各样病态特征称为症状。典型的植物病害症状包括病状和病症。病状是园林植物感病后植物本身所表现出来的非正常状态。病症是指寄主植物病部表面所表现出来的病原物的各种形态结构，通常是能用眼睛直接观察到的各种特征物。由真菌、细菌、寄生性种子植物和藻类等病原物引起的病害，病部多表现出较明显的病症。病毒、植原体等病原物引起的病害以及非侵染性病害，在植物发病部位无特征物表现，故它们所致病害无病症。根据发病植物生理功能的加速、延缓或停止所导致的外部形态结构上变化的不同，园林植物病害症状通常被分为三种基本类型：增生型症状、减生型症状和坏死型症状。

7.3 园林杂草基本知识

7.3.1 概念

草是自然界中不可缺少的物种之一。在城市园林绿化中，乔木、灌木、草的有机结合，对于维护城市生态平衡起着重要的作用。绿地、林地中生长着的野草，不但反映了自然界中的物种多样性，增添了景观效果，而且还是昆虫的蜜源植物，它们默默维护着生态的平衡。近年来，我国植物专家提出，如果不是特别需要，一般不要除草，没有必要把道路两侧树丛下刮得干干净净。野草布满绿地和路边，再加上灌木是很理想的植物群落。在城市中，人们为了生活、娱乐和美观，将品种一致、生长一致的草，经人工繁殖，种植在一定的面积上，这就是人工草坪。被选来种植的草，称为草坪草。随着生物多样性环保意识的不断增强，人们将那些造型美观、独特，丛植在城市绿地、草坪之中或水边供人们欣赏的草，称为观赏草。所谓"杂草"，是指那些在园林绿地中与园林植物、草坪草互相争夺养分、水分、矿物质、光照和空间，有碍园林绿化景观，或会引起人体不适的草类。

7.3.2 杂草的类型及生长习性

杂草根据其生活史和生长习性可分为三大类：

（1）一年生杂草。即在一年内完成其生活史。一年生杂草的种子有在春季第一次发芽的，有在春末和夏季发芽的，也有在春天和秋天发芽的。

（2）二年生杂草。也称越年生杂草，即在两年内完成其生活史。二年生杂草的种子在春、秋两季都可发芽。

（3）多年生杂草。即能生长多年。常以休眠状态越冬，春季恢复生长。能生存许多生长季节，也能用种子繁殖。

7.3.3 草坪杂草的综合治理

为了使草坪能持续发挥其观赏效益、生态效益、社会效益和经济效益，人们常常需要对草坪草进行精心的养护管理。其中，对草坪杂草的综合治理，是草坪养护管理工作的重要组成部分。

一个生长势旺盛的草坪，表现在其草坪草本身对周围生态环境的适应能力和对草坪杂草的竞争能力。除了少数例外，倘若草坪草在适宜其生长发育的环境条件下生长，其发育能力和与其他物种的竞争能力就会大大增强；否则，其生长发育能力便会逐渐变弱，杂草丛生。因此，对草坪杂草治理的主导思想是促进草坪草正常而健康的生长。围绕这个主导思想，我们应采取综合治理的技术，有效控制草坪杂草的危害。

化学除草剂在短期内能迅速及时地控制杂草，但它毕竟不是自然界中的原有成分，长期频繁使用必然对园林生态系统产生不良影响。例如，促使杂草群落中的敏感性杂草减少，耐药性杂草滋生，向多年生难除的杂草群落演变；破坏草坪草的正常生理生化功能；影响土壤微生物区系；致使化学除草剂中的有害物质在土壤中聚集。因此要逐步减少化学除草剂的使用，采用综合治理的方法，控制草坪杂草。

7.4　古树名木的保护

古树名木是大自然对人类的赏赐，是祖先留下来的宝贵文化遗产，是活的化石。随着人类的进步，社会不断发展，对古树名木的保护工作将会越来越受到大家的重视。

7.4.1　古树腐朽和树洞形成的原因

（1）古树的腐朽病

古树大多经历了百年沧桑，其生理状态是已步入衰老期。古树长期生长在恶劣的环境条件下，由于种种原因，供给其水分、矿物质进入干部的通道受到阻碍，久而久之，造成木质部变质，病菌入侵，引起树干木质腐朽。

1）症状

大多数古树木质腐朽病在发病的初期，树木外表并不表现症状，仍旧正常生长发育。在感病的中后期，树木表面长出各个类型的子实体。子实体有一年生的，每年产生新的子实体；子实体也有多年生的，长时间不产生新的子实体，这种现象是隐蔽性腐朽。腐朽晚期常可通过死桩、折断的树枝或开裂的树干看到树木木质部的腐朽甚至中空；也有在古树外表见不到任何异常现象，当古树被风吹倒时，才可见树干中空并早已出现腐朽。腐朽的颜色由白色至褐色，形状有蜂窝状、海绵状、环状、块状等。

2）病原

古树腐朽病的病原大多是担子菌亚门多孔菌目的多孔菌、层孔菌、迷孔菌，伞菌目的密环菌、裂褶菌，以及木耳目的木耳菌。各种病原菌在古树上危害扩散的部位不同，可危害在古树根部、干基部、主干、主梢和枝条。扩散的范围与病原、树木种类、年龄及环境条件有关。

3）治疗

① 要及时清除古树名木上的病虫枝、风折枝和树上的子实体，以减少侵染来源。

② 实行外科手术。用刀、凿等工具挖去古树腐朽部分，并在伤口处涂保护剂和防腐剂。

③ 处理后的伤口，要排水畅通，切勿积水。

（2）树洞形成的原因

古树名木树洞形成的原因主要有：树木腐朽、机械碰撞、修剪不当、害虫危害、自然灾害。

7.4.2　古树名木的保护技术

（1）遵守古树名木保护管理的法规，保护古树名木所在地原有的生态环境

古树的生长历经百年沧桑，已逐渐适应了所在地的生态环境，这种适应性的形成，不是几年，而是几十年、几百年。当它的生活环境发生改变时，古树就表现出不正常的状态，并加速衰退，甚至死亡。例如：

1）在古树周围建房盖楼，改变了古树原有的光照及通风透光的生长条件，或遮阴、避风条件。

2）在古树周围挖地基、修管道，或开沟挖渠，改变了古树周围的地下水位。水位若升高，则导致树根遭水浸泡，古树窒息或腐烂而死；地下水位若降低，树根则吸不上水，古树干旱而死。

3）在古树树干基部附近添加浮土或铺设地坪，导致根呼吸受到抑制，呼吸困难。

4）在古树上烧香、点蜡烛、排放废气，也直接威胁着古树的健康。

如此等等，破坏了古树的生长环境，最终导致古树的衰亡。保护古树的正常生长，首先要保护古树原有的生活环境不要被改变或被破坏。

（2）外科治疗

对古树名木的树洞或创伤要及时处理和治疗。

1）皮层损伤的治疗

树皮损伤面积在 $10cm^2$ 以上的伤口，要进行表皮损伤治疗。其基本方法是：首先，刮除创伤口的破碎部分或溃疡部分，直至出现健康部位的 0.5cm 处，在伤口四周切平被损伤的树皮，切口要直，使皮层边缘呈光滑状。然后，在伤口处用杀菌剂消毒（一般可选用 4%～5% 的硫酸铜溶液或 1% 的甲醛溶液，以及百菌清、龙克菌等广谱杀菌剂），并涂上护创剂（可自行配置波尔多液，其配方为硫酸铜 1 份、生石灰 3 份、动物油 0.4 份，水适量）和防水剂（可用树木梳理剂、羊毛脂或虫胶漆、水柏油、木胶油等对树木无刺激的物质），注意露出形成层，有利于伤口愈合；还可将修剪下的树皮修成伤口大小，贴于伤口处。

2）树枝的护理

古树的主枝或大枝，由于机械损伤或自然灾害发生劈裂时，要对其及时抢救。应先清除受损处的杂物；然后用草绳或铁丝捆紧裂口，使裂口紧密结合；最后用塑料薄膜包裹以防渗水。在劈口上方，要用草绳与主干绑紧，用钉固定。

3）树洞的填补

① 树洞位于树枝分叉处或接近地面的树干处。常年有潮湿、有积水的树洞，树洞浅。如树洞已基本愈合，并无病虫侵害的无须填补。

② 补洞首先要进行树洞清理，清除树洞内的杂物，刮除洞壁上的腐朽层，用广谱性的杀菌剂喷涂树洞内壁，发现虫害要及时治理。刮削树皮时，千万不要损伤洞口处的树皮。将洞口削成椭圆形、长圆形或圆形。

③ 清理树洞后，要注意留出排水通道，严防树洞积水。

④ 树洞边材完好时，可采用假填充法补洞。

第8章 园林规划设计基本知识

8.1 园林规划设计构图基本规律

8.1.1 园林规划设计构图的含义、特点与基本要求

（1）含义

构图即组合、联系和布局。园林设计构图是在工程、技术、经济可能的条件下，把园林物质要素（包括材料、空间、时间）有序组合起来，并与周围环境紧密联系，使整体协调，取得绿地形式美与内容高度统一，也就是规划布局。

园林设计中的构图不但要考虑平面，更要考虑空间、时间等因素。园林绿地构图是组合园林物质要素，将园林材料与空间、时间组合起来，使形式美与内容美取得高度统一的手法和规律。

（2）特点

1）园林是一种立体空间艺术

园林设计构图是以自然美为特征的空间环境规划设计，绝不是单纯的平面构图和立面构图。因此，园林设计构图要善于利用地形、地貌、自然山水、绿化植物，并以室外空间为主，又与室内空间互相渗透的环境创造景观。

2）园林设计是综合的造型艺术

园林美是自然美、生活美、建筑美、绘图美、文学美的综合，是以自然美为特征，有了自然美，园林绿地才有生命力，特别是自然式园林更突出自然美。因此，园林绿地常借助各种造型艺术加强其艺术表现力。

3）园林设计构图受时间变化影响

园林设计构图的要素如园林植物、山、水等的景观都随时间、季节而变化。春、夏、秋、冬植物景色各有特色，使景观变化无穷。如北京香山公园，一年四季景色各不相同。

4）园林设计构图受地区自然条件的制约性很强

不同地区的自然条件，如日照、气温、湿度、土壤等各不相同，其自然景观也不相同，园林绿地只能因地制宜、随势造景、景因境出。

（3）基本要求

1）应先确定主题思想，即意在笔先，还必须与园林绿地的实用功能相统一，要根据园林绿地的性质、功能确定其设施与形式。

2）要根据园林工程技术、生物学要求和经济上的可能性进行构图。

3）按照功能进行分区，各区要各得其所，景色分区要各有特色、化整为零、园中有园，互相提携又要多样统一，既分隔又联系，避免杂乱无章。

4）各园都要有特点、有主题、有主景，要主次分明、主题突出，避免喧宾夺主。

5）要根据地形地貌特点，结合周围景色环境，巧于因借，做到"虽由人作，宛自天开"，避免矫揉造作。

6）要具有诗情画意，这是我国园林艺术的特点之一。诗和画，把现实风景中的自然美，提炼为艺术美，上升为诗情和画境。园林造景，要把这种艺术中的美，把诗性和画境搬回到现实中来。

8.1.2　园林设计构图原则与规律

（1）原则

1）审美规律

艺术必须符合美学的规律，否则就丧失了其生存的空间。园林作为一门综合的艺术，无论是东方园林，还是西方园林，包含更多的是一种美的体验。

2）综合性

构图不仅决定了园林设计中大框架的形成，还必须综合处理好园林各要素之间的比例尺度、呼应关系等。

3）时间性

构图的时间性常常体现在两个方面。其一，是构图对速度的反映。好的园林构图，应做到张弛有度、富有节奏和韵律感，使得游人可静观、可动赏。其二，是构图对日相和季相变化的体现。一日之间晨昏的更替，一年之中春秋的变换，相同的园林场景会在不同时间和季节给人以不同的景致和印象，因此就会有苏堤春晓、雷峰夕照等经典场景的出现。

4）地域性

园林设计的地域性在构图中也不容被忽视。从区域性角度来说，不同地域的园林，其构图应有明显的差异。如北方园林和江南园林，由于地区文化及自然条件的差异，其园林在比例尺度与对称关系上都有明显的不同。北方园林尺度普遍较大，构图上崇尚较规律的对称；而江南园林不仅小巧精致，更加自然，少了许多对称性。

（2）规律

1）统一与变化

园林构图的统一与变化，具体表现在对比与调和、韵律与节奏、主从与重点、联系与分隔等各个方面。

① 对比与调和

是艺术构图的一个重要手法，是运用布局的某一因素（如体量、色彩等）中，两种程度不同的差异，取得不同艺术效果的表现形式。园林景色要在对比中求调和，在调和中求对比，使景观既丰富多彩、生动活泼，又突出主题、风格协调。对比的手法：形象对比、体量对比、方向对比、开闭对比、明暗对比、虚实对比、色彩对比、质感对比。

② 韵律与节奏

韵律与节奏就是艺术表现中某一因素做有规律的重复、有组织的变化。重复是获得韵律的必要条件，只有简单的重复而缺乏有规律的变化，就会令人感到单调、枯燥，所以韵律与节奏是园林艺术构图多样统一的重要手法之一。

园林绿地构图的韵律与节奏方法有很多，常见的有:简单韵律、交替韵律（图 8-1-1）、渐变韵律、起伏曲折韵律、拟态韵律、起伏韵律（图 8-1-2）。

图 8-1-1　交替韵律　　　　　　　　　　　图 8-1-2　起伏韵律

③ 主从与重点

园林布局中的主要部分或主体与从属体，一般都是由功能使用要求决定的。从平面布局上看，主要部分常成为全园的主要布局中心，次要部分成为次要的布局中心，次要布局中心既有相对独立性，又要从属主要布局中心，要能互相联系、互相呼应。

④ 联系与分隔

园林绿地都是由若干功能使用要求不同的空间或者局部组成，它们之间都存在必要的联系与分隔。分隔就是因功能或者艺术要求将整体划分为若干局部，联系是因功能或艺术要求将若干局部组成一个整体。联系与分隔是求得完美统一的园林布局整体的重要手段之一。

2）均衡与稳定

由于园林景物是由一定的体量和不同材料组成的实体，因而常常表现出不同的重量感，探讨均衡与稳定的原则，是为了获得园林布局的完整和安全感。稳定是针对园林布局的整体上下轻重的关系而言，而均衡是指园林布局中的部分与部分的相对关系，例如左与右、前与后的轻重关系等。

① 均衡

是园林布局中要求园林景物的体量关系符合人们在日常生活中形成的平衡安定的概念。均衡可分为对称均衡和非对称均衡。

对称布局是有明确的轴线，在轴线左右完全对称。对称布局常给人庄重严整的感觉，规则式的园林绿地中采用较多，如纪念性园林、公共建筑的前庭绿化等，有时在某些园林局部也会运用，轴对称布局见图 8-1-3。对称布局有小至行道树的两侧对称，有花坛、雕塑、水池的对称布置，也有大至整个园林绿地建筑、道路的对称布局。对称布局的景物常常过于呆板而不亲切。

不对称的布局要综合衡量园林绿地构成要素的虚实、色彩、质感、疏密、线条、体形、数量等给人产生的体量感觉，切忌单纯考虑平面的构图。

不对称的布局有小至树丛、散置山石、自然水池的不对称布局，有大至整个园林绿地、风景区的不对称布局，那样会给人以轻松、自由、活泼变化的感觉。不对称布局被广泛应用于一般游憩性的自然式园林绿地中。

图 8-1-3 轴对称布局

② 稳定

园林布局中的稳定是指园林建筑、山石和园林植物等上下、大小所呈现的轻重感的关系。在园林布局中，往往体量上采用下面大、向上逐渐缩小的方法来取得稳定坚固感，如我国古典园林中塔和阁等；另外在园林建筑和山石处理上也常利用材料、质地所给人的不同重量感来获得稳定感。园林景物构图的稳定性见图 8-1-4。

图 8-1-4 园林景物构图的稳定性

3）比例与尺度

园林绿地是由园林植物、建筑、道路场地、水体、山、石等组成，它们之间都有一定的比例与尺度关系。

① 比例

比例包含两方面的意义：一方面是指园林景物、建筑整体或者它们的某个局部构件本身的长、宽、高之间的大小关系；另一方面是园林景物、建筑物整体与局部，或局部与局部之间空间形体、体量大小的关系。合适的比例关系，可以通过古典主义美的比例关系即"黄金分割"比例确定，也可以通过设计者本身的美学经验确定。

② 尺度

尺度是景物、建筑物整体和局部构件与人或人所习见的某些特定标准的大小关系。合理的尺度可以创造出自然亲切的构图效果，在处理构图尺度时，以人的身高及活动范围为参照依据，即人体工学原理，如围栏、台阶、园亭、园椅、花坛、花架等人与景物的不同尺度感见图 8-1-5。

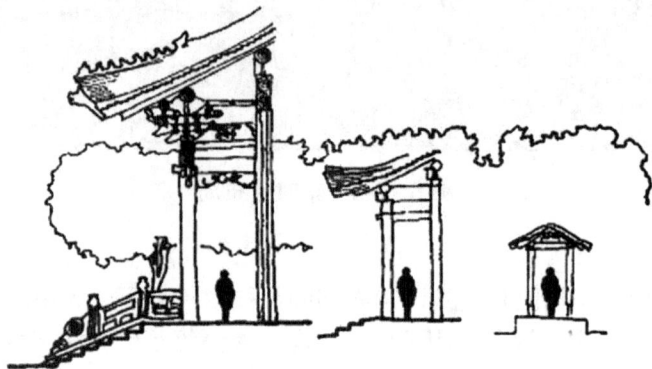

图 8-1-5　人与景物的不同尺度感

园林绿地构图的比例与尺度都要以使用功能和自然景观为依据。园林的大小差异很大，承德避暑山庄、颐和园等皇家园林都是面积很大的园林，其中建筑物的规格也很大；而苏、杭、岭南等私家园林，规模都比较小，建筑、景观常利用比例来突出以小见大的效果。

4）比拟与联想

园林艺术不能直接描写或刻画生活中人物与事件的具体形象，运用比拟与联想的手法显得更为重要。园林构图中运用比拟与联想的方法有如下几种：

① 概括名山大川的气质，模拟自然山水风景，创造"咫尺山林"的意境，使人有"真山真水"的感受。联想到名山大川、天然胜地，若处理得当，使人面对园林的小山小水产生"一峰则太华千寻，一勺则江湖万里"的联想，这是以人力巧夺天工的"弄假成真"。

我国园林在模拟自然山水手法上有独到之处，善于综合运用空间组织、比例尺度、色彩质感、视觉感受等，使石有一峰的感觉，使散置的山石有平冈山峦的感觉，使池水有不尽之意，犹如国画"意到笔未到"，给人无限联想。

② 运用植物的姿态、特征，给人以不同的感染，产生比拟与联想。如"松、竹、梅"有"岁寒三友"之称，"梅兰竹菊"有"四君子"之称，在园林绿地中适当运用，可增加意境。

③ 运用园林建筑、雕塑产生的比拟与联想，如蘑菇亭、月洞门、水帘洞等。

④ 遗址访古产生的联想。

⑤ 题名、题咏对联、匾额、摩崖石刻所产生的比拟与联想。题名、题咏、题诗能丰富人们的联想，提高风景游览的艺术效果。

8.1.3　园林设计造景的基本手法

（1）景的概念

景是风景，是景致，是指在园林绿地中，自然的或经人为创造加工的，并以自然美为特征的一种供游憩欣赏的空间环境。景的名称多以其特征来命名、题名、传播，如桂林山水、黄山云海、断桥残雪等。

（2）景的感受

景是通过人的眼、耳、鼻、舌、身等感官来感受的。大多数的景主要是看，如花港观鱼；也有的是通过耳听，如风泉清听；有的是闻的，如兰圃；有的是品味的，如龙井品茶。不同的景可引起不同的感受，触景生情、富有诗情画意是我国传统园林的特色。

（3）景的观赏

景可供游览观赏，但不同的游览观赏方法会产生不同的景观效果，产生不同的感受。

1）静态观赏与动态观赏

景的观赏可分为静态观赏和动态观赏。一般园林绿地规划应从动与静两方面来考虑，静态观赏有时对一些情节特别感兴趣，可以穿插配置一些能激发人们进行细致鉴赏，具有特殊风格的近景、特写景等，如某些特殊风格的植物、碑、亭、假山、窗景等。

2）俯视、仰视、平视的观赏

观景因视点高低不同，可分为平视、仰视和俯视。

（4）造景的基本手法

造景是指人为地在园林绿地中创造一种既符合一定使用功能，又有一定意境的景区。人工造景要根据园林绿地的性质、功能和规模，因地制宜地运用园林绿地构图的基本规律去进行规划设计。

1）主景与配景

园林中的景有主景与配景之分。在园林绿地中起控制作用的景叫主景，它是整个园林绿地的核心和重点，往往呈现主要的使用功能或主题，是全园视线控制的焦点。主景包含两个方面的含义：一是指整个园林中的主景，二是指园林中被园林要素分隔的局部空间的主景。配景起衬托作用，可使主景突出，在同一空间范围内，许多位置、角度都可以欣赏主景，而处在主景之中，此空间范围内的一切配景又成为欣赏的主要对象，所以主景与配景是相得益彰的。

2）近景、中景、全景与远景

景色就空间距离层次而言有近景、中景、全景与远景。近景是目视范围较小的单独风景；中景是目视所及范围的景致；全景是相应于一定区域范围的总景色；远景是辽阔空间伸向远处的景致，相当于一个较大范围的景色。远景可作为园林开旷处瞭望的景色，也可作为登高处鸟瞰全景的背景。山地远景的轮廓称为轮廓景，晨昏和阴天的天际线起伏称为蒙景。合理安排前景、中景与背景，可以加深景的画面，富有层次感，使人获得深远的感受。

3）借景

将园内视线所及的园外景色组织到园内来，成为园景的一部分，称为借景。借景要达到"精"和"巧"的要求，使借来的景色同本园空间的气氛环境巧妙结合起来，让园内外相互呼应、汇成一片。借景能扩大空间、丰富园景、增加变化，按景的距离、时间、角度等，可分为远借、近借、仰借、俯借、应时而借。

4）对景与分景

为了创造不同的景观，满足游人对不同景物的欣赏，园林绿地进行空间组织时，对景与分景是两种常见的手法。

对景。位于园林绿地轴线及风景视线端点的景，如亭、榭、草地等与景相对。景可以正对，也可以互对，正对是为了达到雄伟、庄严、气魄宏大的效果，在轴线的端点可设景点。

分景。我国园林含蓄有致、意味深长，忌"一览无余"，要能引人入胜。分景常把园林划分为若干空间，使园中有园、景中有景、湖中有岛、岛中有湖。园景虚虚实实，景色丰富多彩，空间变化多样。分景按其划分空间的作用和艺术效果，可分为障景和隔景。在园林绿地中，凡是抑制视线、引导空间、屏障景物的手法称为障景。障景有土障、山障、树障、曲障等。障景还能隐蔽不美观或不可取的部分，可障远也可障近，而障本身又可自成一景。凡将园林绿地分隔为不同空间、不同景区的手法称为隔景。隔景可以避免各景区的相互干扰，增加园景构图变化，隔断部分视线及游览路线，使空间小中见大。隔景的方法和题材有很多，如山冈、树丛、植篱、粉墙、漏墙、复廊等。

5）框景、夹景、漏景、添景

在园林绿地构图中，立体画面的前景处理方法有框景、夹景、漏景和添景。

框景。空间景物不尽可观，或在平淡间有可取之景。利用门框、窗框、树框、山洞等，有选择地摄取空间的优美景色。

夹景。在水平方向视界很宽，但其中又并非都很动人，因此，为了突出理想的景色，常将左右两侧以树丛、树干、土山或建筑等加以屏障，形成左右遮挡的狭长空间，这种手法叫作夹景。夹景是运用轴线、透视线突出对景的手法之一，可增加园景的深远感。夹景手法运用见图8-1-6。

漏景。漏景是从框景发展而来的。框景景色全观，漏景若隐若现、含蓄雅致。漏景可以用漏窗、漏墙、漏屏风、疏林等手法，漏景见图8-1-7。

图8-1-6 夹景手法运用

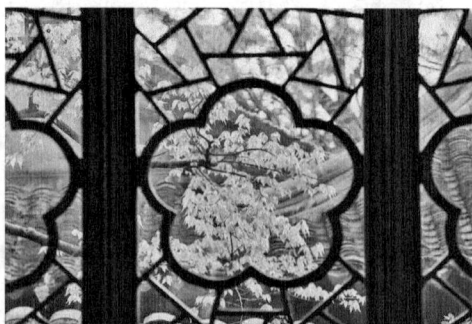

图8-1-7 漏景

添景。当风景点与远方之间没有其他中景、近景过渡时，为求主景或对景有丰富的层次感，加强远景景深的感染力，常作添景处理。添景可选用建筑的一角或建筑小品、树木花卉。用树木作为添景时，树木体形宜高大、姿态宜优美。

点景。创作设计园林题咏称为点景手法。我国园林善于抓住每一处景点，根据它的性质和用途，结合空间环境的景象和历史来高度概括，常作出形象化、诗意浓、意境深的园林题咏，其形式多样，有匾额、对联、石碑、石刻等。

8.2　园林地形设计

在构成园林绿地的诸要素中，地形是园林造景的基础，是构成一个园林绿地景观的骨架。不同的地形、地貌反映出不同的景观特征，影响了园林的布局和风格。园林地形不仅会直接影响其他要素的设计，而且地形本身也是一个观赏对象。

8.2.1　园林地形的功能与作用

（1）重要影响

地形对建筑、水体、道路等的选址和布置等都有重要的影响。地形坡度的大小、坡面的朝向也往往决定建筑的选址及朝向。

（2）空间作用

地形因素直接制约着园林空间的形成。地形可以构成不同形状、不同特点的园林空间。从小规模的私密空间，到宏大的公共空间，或从流动的线形谷地空间，到静止的盆地空间，都可以利用底面、坡度、轮廓线的不同组合，塑造空间的不同特征。

地块的平面形状、竖向变化等都影响园林空间的状况，甚至起到决定性的作用。如在平坦宽阔的地形上形成的空间一般是开敞空间，而在山谷地形中的空间则必定是闭合空间等。地形的空间作用见图 8-2-1。

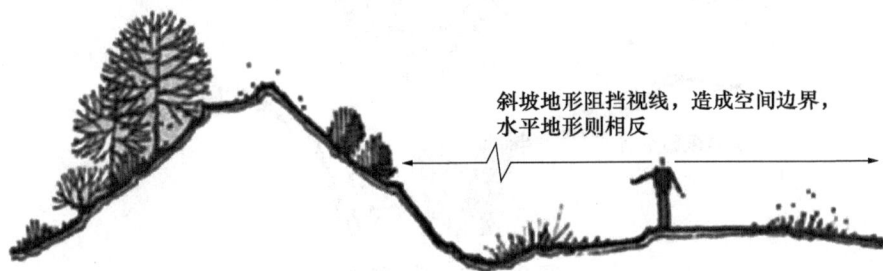

斜坡地形阻挡视线，造成空间边界，水平地形则相反

在视线和空间中地形的效果

图 8-2-1　地形的空间作用

（3）景观作用

1）背景作用

作为造园诸要素载体的底界面，地形具有背景角色，如一块平地上的园林建筑、小品、道路、树木、草坪等形成一个个的景点，而整个地形则构成此园林空间诸景点要素的共同背景。同时，园林地形中的凹、凸地形也可作为景物的背景，形成景物和作为背景的地形之间要有很好的构图关系。

2）控制视线（图 8-2-2）

地形还具有许多潜在的视觉特性，通过对地形的改造和组合，形成不同的形状，可以产生不同的视觉效果，可以通过园林地形对视线的控制起到组景和造景作用（图 8-2-2）。

3）分隔空间（图 8-2-3）

利用地形进行空间分隔是园林空间分隔常用的方式之一。利用地形可以有效、自然地划分空间，使之形成不同功能或景色特点的区域。

4）改善小气候的作用

地形在景观中可被用于改善小气候（图 8-2-4）。园林地形的起伏变化，能改善植物种植条件，能提供阴、阳、缓、陡等多样性环境。利用地形的自然排水功能，提供干、湿不同的环境，使园林中出现宜人的气候以及良好的观赏环境。

图 8-2-2　控制视线

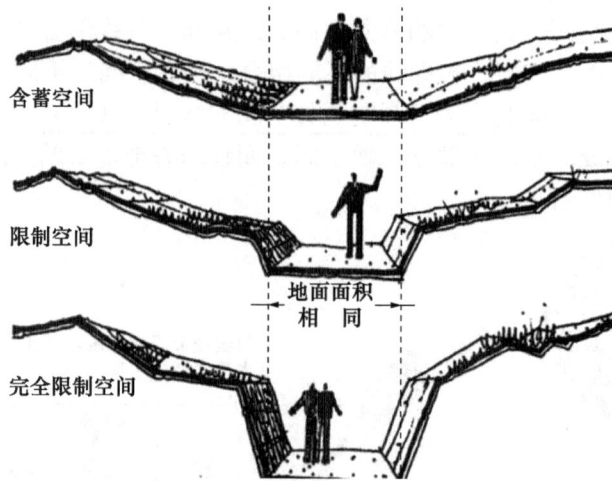

含蓄空间

限制空间

地面面积
相　同

完全限制空间

图 8-2-3　分隔空间

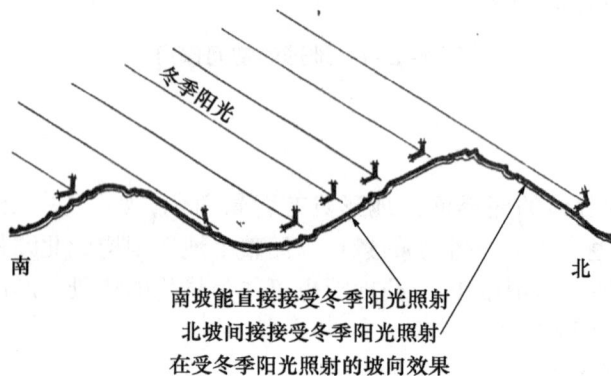

冬季阳光

南　　　　　　　　　　　　　　　　　北

南坡能直接接受冬季阳光照射
北坡间接接受冬季阳光照射
在受冬季阳光照射的坡向效果

图 8-2-4　改善小气候

8.2.2　园林地形设计的原则

在园林的地形改造中，必须经过一定的艺术处理，运匠心于丘壑泉池，以构成园林佳景。在地形的艺术处理中，应注意以下几个原则：

（1）因地制宜

在地形设计中，首先要考虑对原有地形的利用。根据原有地形的特点，本着"利用为主，改造为辅"的原则，"高方欲就亭台，低凹可开池沼"。与设计意图有较大差距的地形，在考虑经济因素的情况下，可被改造，可"挖湖堆山"或做推平处理。"挖湖堆山"也是按"挖低处、堆高处"的基本原则，使土方工程量减少到最少。无论采用何种处理方法，都应力求达到园内填挖土方量的平衡，如满足不了土方平衡，要考虑土方的去处与来源，做到填挖土方的切实可行，减少工程成本。

（2）满足园林的性质和功能的要求

园林的类型不同，其性质和功能不同，对园林地形的要求也不同。游人在园林内进行各种游憩活动，对园林空间环境有一定的要求，因此在进行地形设计时要尽可能为游人创造出各种游憩活动所需的不同地貌环境。如游人开展集体活动，就需一定面积的草坪或广场；登高远眺需要有登临之处；进行划船、游泳等水上活动，需要一定面积的水面等。在挖湖堆山时，还需要考虑陆地与水面的比例，保证陆地的容人量。

（3）满足园林景观的要求

园林应以优美的园林景观来丰富游人的游憩活动。在进行园林地形设计时，也应力求创造出优美的游憩活动场所，如设置水面、山林等开敞、封闭或半开敞的园林空间类型，以形成丰富的景观层次。在设计地形时也要考虑其他园林要素的布置等问题。

（4）符合园林工程的要求

园林地形的设计在满足使用和景观需要的同时，也必须符合园林工程的要求。在土山的堆叠中，要考虑山体的自然安息角，土山的高度与地质、土壤的关系，山高与坡度的关系，平坦地形的排水问题，开挖水体的深度与河床的坡度关系，水岸坡度的稳定性等问题。园林建筑设置点的基础、桥址的基础等，都属于工程技术要考虑的问题，以免发生如陆地内涝、水面泛溢与枯竭、岸坡崩坍等工程事故。

（5）创造园林植物的种植环境

丰富的园林地形可形成不同的小环境、小气候，有利于不同生态习性的园林植物的生长。园林植物有耐阴、喜光、耐湿、耐旱等类型，根据园林景观需要，构成意趣不同的景观类型。若地表中原有树木被保留，需在地形设计时保持它们原有的地形标高，以免树木遭到生态破坏。

8.3　园林植物配置设计

8.3.1　园林植物的作用

（1）生态功能

1）净化空气

植物能起到维持碳氧平衡、吸收有害气体的作用，是空气过滤器，能对二氧化硫、氟化氢、氯气等有害物质进行吸收。合理配置植物还能阻挡粉尘飞扬，使大尘埃下降，对空气中的小尘埃有很好的吸附作用，同时植物还有杀菌作用。植物吸收有害气体能力对照表见表8-3-1。

植物吸收有害气体能力对照表　　　　　　　　　　表8-3-1

有害气体	植物吸收有害气体的能力			吸毒、抗毒能力都强的植物类型	规律
	强	中	弱		
二氧化硫	忍冬、臭椿、美青杨、卫矛、旱柳、加杨、山楂、洋槐、广玉兰、国槐、梧桐、樟树、杉、柏树、柳杉等	山桃、榆、锦带、花曲柳、水蜡等	连翘、皂角、丁香、山梅花、圆柏、胡桃、刺槐、桑、银杏、油松、云杉等	卫矛、忍冬、旱柳、榆、臭椿、花曲柳、山桃、水蜡等	木本植物>草本植物
氯气	银柳、旱柳、美青杨、臭椿、赤杨、水蜡、卫矛、忍冬、花曲柳、银桦、悬铃木、桎柳、女贞、君迁子、油松、夹竹桃等	刺槐、雪柳、山梅花、白榆、丁香、山槐、桑等	皂角、银杏、珍珠花、黄檗、连翘等	银柳、旱柳、臭椿、赤杨、水蜡、卫矛、花曲柳、忍冬等	落叶树>常绿阔叶树>针叶树
氟化物	泡桐、梧桐、银桦、滇杨、拐枣、加杨、柑橘类、月季、洋槐、白蜡、海桐、棕榈等	女贞、桑、垂柳、刺槐、朴树、梓树、葡萄、桃、大叶黄杨、榉树、毛白杨、臭椿等	侧柏、油松、苹果等	泡桐、月季等	

2）改善城市小气候

园林中的植物能调节气温，缓解热岛效应，还具有蒸腾水分的作用，可调节湿度，同时还能影响风速和地表、地下径流，城市热岛效应示意图见图8-3-1。

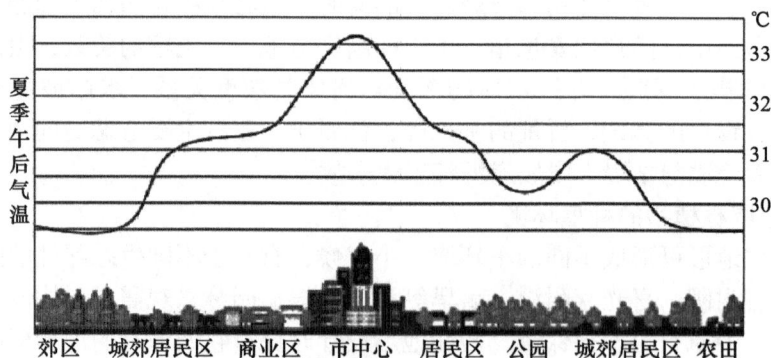

图8-3-1　城市热岛效应示意图

3）削弱噪声

城市噪声严重，绿色树木对声波有散射、吸收作用，能削弱噪声，是绿色消声器。如40m的林带可以降低噪声10～15dB，高6～7m的绿化带能降低噪声10～13dB，一条宽度为10m的绿化带可降低噪声20%～30%。

4）净化水质和土壤

绿色植物能吸收污水及土壤中的硫化物、氨、磷酸盐、有机氯、悬浮物和许多酶的催化剂，具有解毒能力，有机污染物渗入植物体后，可被酶改变而减轻毒性。

5）保持水土、防灾减灾

植物在生态系统中可加速水分的小循环，延缓水分的大循环，提升水分利用率。园林绿化植物能紧固土壤，固定沙石，防止水土流失，防止山塌岸毁，保护好自然景观。

（2）建造功能

植物的空间类型分为虚实空间、开闭空间和方向空间。

1）虚实空间：植物材料可以在地平面上以不同高度和不同种类的地被植物或矮灌木暗示空间的边界；在垂直面上，树干如柱子，暗示形成空间的分隔，封闭程度随树干大小、疏密以及种植形式而不同。

2）开闭空间：分为开敞空间、半开敞空间、覆盖空间、封闭空间。

3）方向空间：分为水平空间和垂直空间。

（3）美学功能

植物可以构成主景，也可以起到完善、统一、强调等作用，可以呈现框景、夹景、漏景等表现形式。

8.3.2　园林植物配置设计的基本原则

在植物配置时，要满足园林绿地性质和功能的要求，植物造景要与园林绿地总体布局相一致，与环境相协调。同时，要根据植物自身生态习性和栽植地点的周边环境选择适当的植物种类，种植时要考虑合理的密度和植物的季相变化统一。

（1）生态设计

园林植物栽植地条件与园林植物的生态习性一致。

1）识地识树原则：在生态设计时，首先了解植物栽植地的地理条件和环境条件，掌握园林植物的生态习性。

2）适地适树原则：根据园林植物栽植地的条件和植物习性，寻找两者间的统一因素。若不统一，则通过改善种植地条件和更换适地树种的方法来调整。

（2）功能设计

园林植物的种植形式、树型选择和园林绿地功能应协调。

1）园林植物的种植形式：孤植、对植、丛植、列植、群植、花坛、花境、草坪等。

2）园林植物的树型：落叶大（小）乔木、常绿大（小）乔木、落叶大（小）灌木、常绿大（小）灌木、草花、草坪等。

3）园林绿地的功能：观赏、隔声、防火、降噪、遮荫、防风、净化等。

（3）造景设计

园林植物配置与园林绿地的环境、风格相协调。

根据园林绿地的环境、风格特点，在园林植物种植设计时，应充分考虑园林植物的观赏特性、季相变化，从而让园林植物配置与园林绿地的类型、风格、环境相协调。

8.3.3　园林植物配置设计形式

（1）园林植物配置设计基本形式

1）规则式

概念：指园林植物成行、成列、等距离排列种植，或做有规则的简单重复，或具有规整形状。

类型：① 规则对称式：植物造景具有明显的对称轴线或对称中心，植物形态一致或由人工整形；花卉布置采用规则的图案。多用于纪念性园林、大型建筑物周边环境、广场等规则式园林绿地中。

② 规则不对称式：没有明显的对称轴线或对称中心，景观配置有规律，同时又有变化，多用于庭院和街头绿地中。

2）自然式

植物造景设置中没有明显的轴线，各种植物的分布自由变化，没有一定的规律性。常用于自然式园林中，如综合性公园、自然式小游园、居住区绿地等。

3）混合式

规则式与自然式相结合的形式。它吸取规则式和自然式的优点，既有整洁清新、色彩明快的整体效果，又有丰富多彩、变化无穷的自然景色；既有自然美，又有人工美。

（2）园林植物配置设计类型

1）按园林植物应用类型分类

① 树木种植设计：对各种园林树木（包括乔木、灌木及木质藤本植物等）景观进行设计。可分为孤景树、对植树、树列、树丛、树群、树林、植篱及整形树等景观设计。

② 花草种植设计：对各种草本花卉进行造景设计。如花坛、花境、花台、花池、花箱、花丛、花群、模纹花带、花柱、花钵、花球、花伞、吊盆等。

③ 蕨类与苔藓植物种植设计：多用于林下或阴湿环境中，创造朴素、自然、幽深、宁静的艺术境界。如贯众、凤尾蕨、肾蕨、波士顿蕨、翠云草、铁线蕨等。

2）按植物生境分类

① 陆地种植设计

山地，宜用乔木造林；坡地，宜用多种植灌木丛、树木或草坡；平地，宜多设花坛、花境、草坪、树林等。

② 水体种植设计

利用水生植物打破水面的平静和单调，增添水面情趣，丰富园林水体景观内容。

3）按植物应用空间环境分类

① 户外绿地种植设计：园林种植设计的主要类型，一般面积较大，植物种类比较丰富，以创造稳定持久的植物自然生态群落为主。

② 室内庭园种植设计：多用于大型公共建筑等室内环境布置。需考虑空间、土壤、阳光、空气等环境因子对植物景观的限制。

③ 屋顶种植设计：非游憩性绿化种植和屋顶花园。

8.3.4 园林植物配置设计手法

（1）自然式组合设计

1）孤植

单一栽植的孤立木，作为园林绿地空间的主景树、遮荫树、目标树等，主要表现单株树的形体美。孤植树种如果选择适当、配置得体，会起到画龙点睛的作用。首先，应该选择体形高大、枝叶茂密、树冠开展、姿态优美的树种，选择观赏价值较高的树种，选择适生、健壮、长寿、病虫害少的树种。其次，孤植树应尽可能地利用原有大树，但在无大树可利用的情况下，可以考虑移植大树或大苗。对古树应加以保护，并挂上说明牌。

2）对植

株树对植或相接栽植，用在建筑物的前面、大门前左右对称栽植或点缀绿地，起烘托主景的作用，或形成配景、夹景，以增强透视的纵深感。作为对植的树种，只要外形整齐、美观，均可采用。对植树多用在规则式绿地布置中，要求树种和规格大小一致，两树的位置连线应与中轴线垂直，又被中轴线平分。对植也可用在自然式绿地布置中，用两株或两丛树的配置可以稍自由些。

3）丛植（3株）

3株树可形成丛植。相同树种的3株树配置分为两组，数量之比为2∶1，体量有大有小。单株成组的树木在体量上不能为最大，以免造成没有主次之分。

不相同树种的3株树配置分为两组，数量之比为2∶1，体量有大有小。树种之比为2∶1，单株树种的树木在体量上不能为最大，避免产生机械的均衡，位置上也不能独立成组。3株树配置表示见图8-3-2。

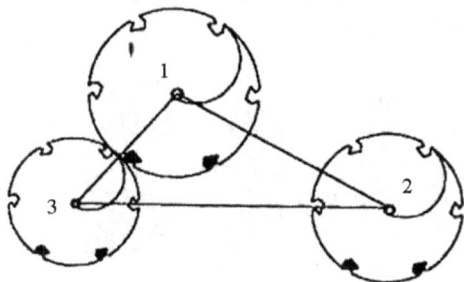

图8-3-2 3株树配置表示

4）丛植（5株）

5株树也可形成丛植。相同树种的5株树配置成两组，数量之比为4∶1或3∶2，体量上有大有小。数量之比为4∶1时，单株成组的树木在体量上既不能为最大，也不能为最小；数量之比为3∶2时，体量最大的一株必须在3株一组中。

不相同树种的5株树配置成两组，数量之比为4∶1或3∶2。如果树种之比为4∶1，单株树种在体量上不能为最大，也不能为最小，位置应在4株一组中，不能独立成组；如果树种之比为3∶2，其中两株树应分散在两组中，体量最大的一株应在3株树种中。

5株树的平面构图为任意五边形的自然式配置，不能排列在同一条直线上或为正五边形，5株树配置表示见图8-3-3。

5）群植

大量乔灌木（20株以上）的结合体。群植主要体现园林植物的群体美，在园林环境中既作为主景，又作为配景。

①相同树种的群植，要注意树种大小、高低的变化，构图单纯，一般作为配景。

②混交树种的群植，要注意树种外观形态上的呼应，构图富于变化，一般作为主景。

③混交树种的群植，要注意乔灌木与花卉、常绿与落叶、阳性与阴性结合，树种不

宜过多，应有一种树种在数量上占优势。

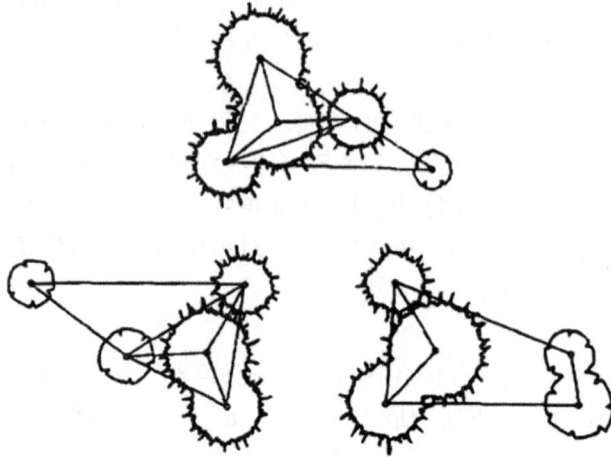

图 8-3-3　5 株树配置表示

④ 混交树种的种植，要注意植物的视觉效果，而视觉效果与植物的外形、色彩有密切关系，自然式组合式样见图 8-3-4。

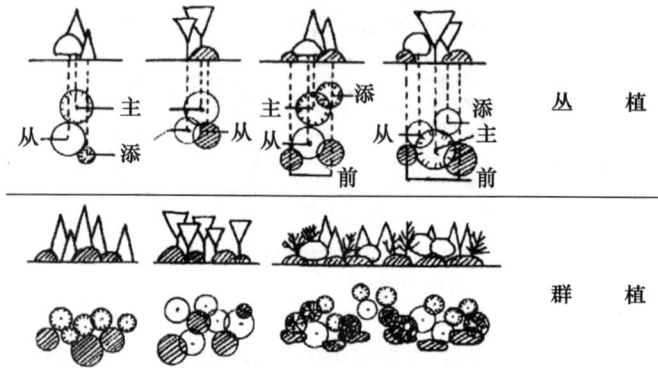

图 8-3-4　自然式组合式样

（2）规则式组合设计

按照一定株（行）距栽植乔、灌木。在景观上较为整齐、单纯、有气魄，这种方式也叫列植。

列植能表现出整齐的图案效果。乔木列植要注意乔木树冠大小相近、分枝点高度统一、栽植点连线整齐划一。灌木列植有点状、条状和块状三种。树种列植配置形式见图 8-3-5。

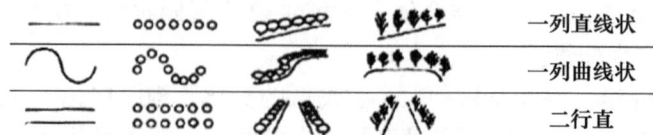

图 8-3-5　树种列植配置形式

（3）带状组合设计

1）交错栽植：同种树和异种树交错交换栽植。

2）变化树种栽植：带中交换树种的栽植。

3）波状栽植：前后进退的波状带植。

4）散状栽植：栽植带中树木无一定规律的栽植。

5）宽窄栽植：形成宽、窄不同的绿地。

6）上下两层整齐栽植：形成上、下两层林带。

7）上下两层自然栽植：形成上、下两层自然的栽植带。

8）林带植：形成连续构图的林带。

9）带状栽植式样见图 8-3-6。

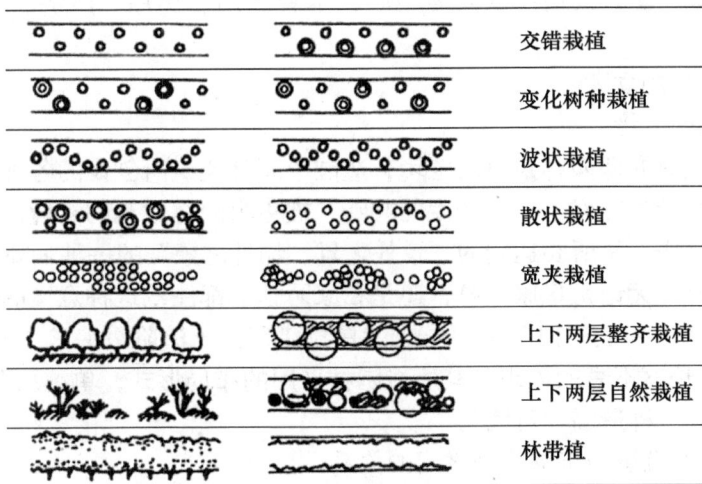

图 8-3-6　带状栽植式样

林带设计多用于建筑的周边环境、道路边、河滨等地。一般选 1 ～ 2 种树，多为高大乔木，树冠枝繁叶茂，具有较好地遮阳、降噪、防风、遮挡等作用，郁闭度较高。多采用规则式种植方式，株距一般为 1 ～ 6m，以树木成年后树冠交接为准。常用的树种有水杉、杨树、栾树、桧柏、山核桃、银杏、落羽杉、女贞等。

8.4　园林建筑与小品

8.4.1　园林建筑设计

（1）园林建筑的特点

1）艺术性高：由于园林建筑特有功能的要求，为人们休憩和文化娱乐活动提供场所，既可观景，又可成景。要求观赏价值较高、艺术造型高，所抒发的情趣和其他建筑有很大的不同，具有较高的艺术价值和诗情画意。

2）功能性强：可游、可居、可玩、可赏等多种使用功能。

3）灵活性大：构图原则和其他类型的建筑不同，可供观赏景物、短暂休息停留的建筑物很难说清楚其在约制上的要求，可以说"无规可循、构图无格"。

4）四维动态空间：建筑空间（室内和室外的空间）组织灵活，动中观景，要求景物富于变化，组织空间游览序列和组织观景路线的问题显得尤为突出。

5）与整体环境协调：园林建筑是风景和建筑有机结合的产物，为园林增添景色，是园林中的一个亮点。园林建筑本身可以成景，如与各种环境协调、造型优美的亭、台、楼、阁、榭、舫等建筑物，要考虑与整体环境协调，处理好建筑物和环境之间的关系。

6）整体性强：对待自然的态度不同，组织园林建筑空间的物质手段除了建筑本身以外，造园的其他活动如筑山、理水、植物配置等也应该和建筑营建紧密配合，只有这样才能把建筑美和自然美相融合，从而达到"虽由人作，宛自天开"的艺术境界。

7）以人为本、景为人造：以人为中心，本着适用、实用、经济、美观的原则进行建设。

（2）园林建筑的立意

1）园林建筑的意境

园林建筑的立意亦即园林建筑的意境，造园中园林建筑所创设的各种场景，以及创作者和游览者思想感情的交融、二者产生的共鸣，被称为园林建筑的意境，是创作者和欣赏者感情的倾注和升华，是所要达到的"景外之景、物外之象"的一种最高境界。

中国古典园林（无论是皇家园林，还是私家园林）都注重这种意境的创设和表达，古代皇家造园讲究的"一池三山"造园模式就是封建帝王统治阶级追求"海上仙山""长生不老"、统治地位长盛不衰的体现。其所造园林采用的布局形式，单纯从造园的角度来讲，可以说反映的也是一种造园"意境"。

2）园林建筑的意境与诗词绘画之间的关系

在古典园林建筑中，广泛、大量运用了匾额、碑刻、对联、题咏、雕梁画栋、刻雕、文学、绘画等手法造景，所以说中国的古典园林大多是"标题园"，其匾额、对联等的运用直接成一景，对主景和环境起到衬托和深化的作用。匾额有长堤苏晓、法净晓钟、柳荫路曲等，对联有"清风明月本无价，近水远山皆有情""佳气溢芳甸，宿云澹野川"等，都对园林意境起到点题的作用。诗词绘画的运用，使园林景观产生"象外之象、景外之景"的弦外之音。如"蝉噪林愈静，鸟鸣山更幽"，取自南朝萧梁诗人王籍《入若耶溪》一诗文颈联，该亭和远香堂隔池相望，四面遍植梅花，暗香浮动，且有枫、柳、松、竹交相争荣，以香雪喻梅，以云蔚喻树木茂密，其上还有明朝著名画家文征明的行草对联。

绘画对古典园林意境影响深远，造园之理和绘画之理是相通的，造园即是在有限空间，使用有限景物创造无限的意境。

（3）园林建筑的选址

选址的要点："相地合宜、构园得体"是进行建筑空间布局的重要准则。

规则式园林一般选址在平原地段和坡地上；自然式园林选址一般是山林、湖泊、平原三者兼备。

8.4.2　园林建筑小品设计

（1）概述

建筑小品一般指体形小、数量多、分布广、功能简单、造型别致、具有较强的装饰性、富有情趣的精美建筑设施。

园林建筑小品是园林环境的组成部分，有着不同的使用功能，是作为组景的一部分，起着组织空间、引导游览、点景、赏景、添景的作用。

（2）园林小品分析

1）服务小品

服务小品包括供游人休息、遮阳用的廊架、座椅，为游人服务的电话亭、洗手池，为保持环境卫生的废物箱等。其特点是常结合环境，用自然块石或混凝土制作成仿石、仿树墩的凳、桌，或利用花坛、花台边缘的矮墙和地下通气孔道制作成椅、凳等，或围绕大树基部设置椅、凳。

① 园椅（图 8-4-1）

图 8-4-1　园椅

园椅是园林中最常见、最基本的"家具"，是供游人休息的必要设施。园椅在园林中除具有实用功能外，还有组景和点景的作用，同时兼具观赏、休息、谈话的功能。

园椅的制作材料有木材、石材、混凝土、陶瓷、金属、塑料等。用实木材料制作园椅要做好防腐处理，用金属材料制作园椅要作防锈处理。

② 花架（图 8-4-2）

图 8-4-2　花架

95

是用刚性材料构成一定形状的格架，可供攀援植物攀附，又称棚架、绿廊。花架可作为遮阴休息之用，并可点缀园景。花架是园林绿地中以植物材料为顶的廊，既具有廊的功能，又比廊更接近自然，有条形、圆形、转角形、多边形、弧形、复柱形等。

常见的花架开间为3～4m，进深通常为2.7m、3m、 3.3m，高度为3m。

③果皮箱（图8-4-3）

果皮箱主要被设置在休息观光通道两侧，主要形式有固定型、移动型、依托型等。

2）装饰小品

包括雕塑、铺装、景墙、窗、水缸、栏杆等，是在园林中起点缀作用的小品。特点是装饰手法多样、内容丰富，在园林中起到重要作用。

①雕塑小品

我国古典园林中有大量雕塑小品的存在，如石牛、石鱼。雕塑在现代园林中占有相当重要的地位。

图8-4-3　果皮箱

雕塑的类型从表现手法上分为具象雕塑和抽象雕塑（图8-4-4）；按雕塑的空间形式分为圆雕、浮雕、透雕；按使用功能分为纪念性雕塑（图8-4-5）、主题性雕塑、功能性雕塑、装饰性雕塑等。

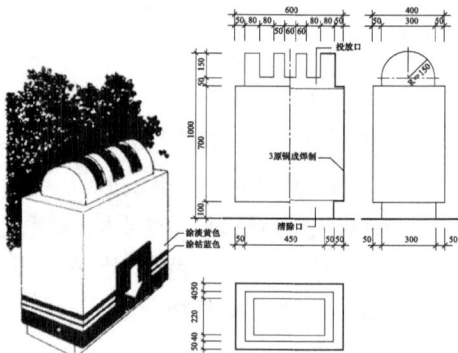

图8-4-4　抽象雕塑　　　　图8-4-5　纪念性雕塑

②景墙

它的形式繁多，根据其材料和剖面的不同有土、砖、瓦、轻钢、绿篱景墙。外观又有高矮、曲直、虚实、光洁与粗糙、有檐与无檐之分（图8-4-6、图8-4-7）。

现代景墙（图8-4-8），它在传统围墙的基础上注重了与现代材料和技术的结合，主要形式有石砌围墙、土筑围墙、砖围墙、钢管围墙、混凝土立柱铁栅围墙、木栅围墙等。

图 8-4-6　传统景墙（一）

图 8-4-7　传统景墙（二）

图 8-4-8　现代景墙

3）植物容器类小品

是各种固定的和可移动的花钵、饰瓶，可以经常更换容器内的花卉植物。植物类容器既可用于种植各类花卉植物，同时也起到了很好的装饰作用。不同的容器材质也带给人们不同的视觉效果，花钵、花箱一般使用木质材料，也有使用石材、混凝土、金属材料的花钵、花箱（图 8-4-9、图 8-4-10）。

图 8-4-9　竹质花钵

图 8-4-10　木质花箱

4）漏窗门洞

漏窗又名花窗、花墙洞，是指开在墙壁上的窗，外观为不封闭的空窗，装饰了各种镂空花纹，所以又称漏花窗、花窗。门洞被开设在景墙上，也称景门；门洞往往给人以"引人入胜""别有洞天"的感觉（图 8-4-11～图 8-4-13）。

图 8-4-11 传统园林中的漏窗

图 8-4-12 现代园林中的漏窗

图 8-4-13 传统园林中各种造型的门洞

第 9 章　园林工程与清单计价

9.1　园林测量

9.1.1　概述

园林测量按工程的施工程序，一般分为规划设计前的测量、规划设计测量、施工放线测量和竣工测量四个阶段。

（1）规划设计前的测量

其内容分为平面控制和高程控制两大部分。

（2）规划设计测量

有符合各单项工程特点的工程专用图、带状地形图、纵横断面图，以及为提供依据的有关调查测量等。

（3）施工放线测量

施工放线测量是根据设计和施工的要求，建立施工控制网，并将图上的设计内容测设到实地，作为施工的依据。

（4）竣工测量

为工程质量检查和验收提供依据，也是工程运行管理阶段和以后扩建的依据。

9.1.2　平整土地测量

常用的方法为方格水准法，根据平整场地的要求不同，可以把场地平整成水平或有一定坡度的地面。

（1）平整成水平地面

1）计算设计高程

2）计算施工量

各桩点的施工量＝设计高程－桩点地面高程

3）计算土方

先在方格网上绘出施工界限，决定开挖线。开挖线是根据方格边上施工量为零的各点连接而成。零点位置可用目估测定，也可按比例计算确定。

（2）平整成具有一定坡度的地面

将一般场地按地形现状平整成一个或几个有一定坡度的斜平面。横向坡度一般为零，如有坡度，以不超过纵坡（水流方向）的一半为宜。纵、横坡度一般不宜超过 1/200，否则会造成水土流失。具体设计步骤为：

1）计算平均高程

2）纵、横坡的设计

3）计算各桩点的设计高程

首先选取零点，其位置一般选在地块中央的桩点，并以地面的平均高程 H_0 为零点的设计高程。根据纵、横向坡降值计算各桩点高程，然后计算各桩点施工量，画出开挖线，计算土方。

（3）土方平衡验算

如果零点位置选择不当，将影响土方的平衡，一般当填、挖方绝对值差超过填、挖方绝对值平均数的 10% 时，需重新调整设计高程。

（4）调整方法

设计高程改正数＝（总挖土量＋总填土量）÷ 地块总面积

为了便于现场施工，最好再算出各个方格的土方量，画出施工图，在图上标出运土方案。

9.1.3　园林工程施工放样

（1）园路施工放样

园路的施工放样包括中线放样和路基放样。

1）中线放样

中线放样就是把园路中线测量时设置的各桩号，如交点桩（或转点桩）、直线桩、曲线桩（主要是圆曲线的主点桩）在实地重新测设。在进行测设时，首先在实地找到各交点桩位置，若部分交点桩已丢失，可根据园路测量时的数据用极坐标法把丢失的交点桩恢复。圆曲线主点桩的位置可根据交点桩的位置和切线长、外距等曲线元素进行测设。直线段上的桩号可根据交点桩的位置和桩距用钢尺丈量测设。

2）路基放样

把设计好的路基横断面在实地构成轮廓，作为填土或挖土的依据。

（2）堆山与挖湖放样

1）堆山放样

一般可用极坐标法、支距法或平板仪放射法放样。堆山放样如图 9-1-1 所示，先测设出设计等高线的各转折点，然后将各点连接，并用白灰或绳索加以标定。再利用附近水准点测出 1～9 各点应有的标高，若高度允许，可在各桩点插设竹竿画线标出。若山体较高，则可在桩的侧面标明上返高度，供施工人员使用。一般情况下，堆山的施工多采用分层堆叠，因此，在堆山的放样过程中也可以随施工进度测设，逐层打桩，直至山顶。

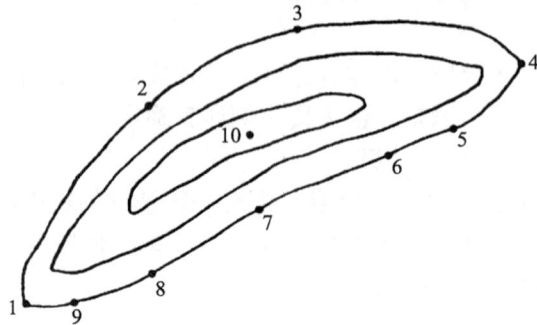

图 9-1-1　堆山放样

2）挖湖及其他水体放样

挖湖或开挖水渠等放样与堆山的放样相似。首先，把水体周界的转折点测设在地面上，如图 9-1-2 所示的不带圆圈的各数字点。然后，在水体内设定若干点位，打上木桩。根据设计给定的水体基底标高在桩上进行测设，画线注明开挖深度，图 9-1-2 中①、②、③、④、⑤、⑥各点即为此类桩点。在施工中，各桩点不要被破坏，留出土台，待水体开挖接近完成时，再将此土台挖掉。

水体的边坡坡度同挖方路基一样，可按设计坡度制成边坡样板置于边坡各处，以控制和检查各边坡坡度。

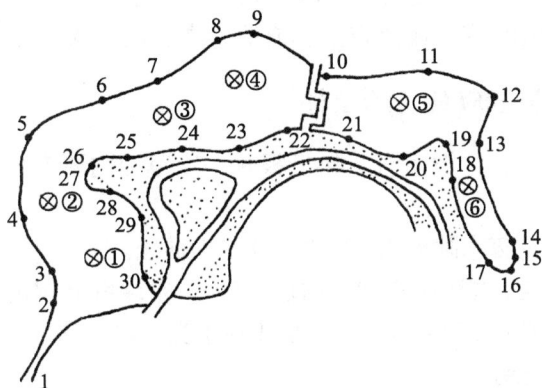

图 9-1-2　水体放样

3）园林植物种植放样

园林植物的种植也必须按设计图的要求进行施工。园林植物种植放样的方法，根据其种植形式的不同，分述如下：

①孤植型

在草坪、岛或山坡等地的一定范围内只种植一棵大树，其种植位置的测设方法视现场情况可使用极坐标法、支距法、距离交会法等。定位后以石灰或木桩标示，并标出它的挖穴范围。

②丛植型

把几株或十几株甚至几十株乔木、灌木配植在一起，树种一般在两种以上。定位时，先把丛植区域的中心位置用极坐标法、支距法、距离交会法测设出来，再根据中心位置与其他植物的方向、距离关系，定出其他植物种植点的位置，撒上石灰标示。树种复杂时，可钉上木桩，并在桩上写明植物名称及其大小规格。

③行（带）植型

道路两侧的绿化树、中间的分车绿带和绿篱等都属于行（带）植型种植。定位时，根据现场实际情况，一般可用支距法或距离交会法测设出行（带）植范围的起点、终点和转折点。然后，根据设计株距的大小定出单株的位置，做好标记。道路两侧的绿化树要对称，放样时，要注意两侧单株位置的对应关系。

④片植型

在苗圃、公园或游览区常常成片规则种植某一树种（或两个树种）。放样时，首先把种植区域的界线视现场情况用极坐标法或支距法在实地上标定出来，然后根据其种植的方式，再定出每一植株的具体位置。

9.2 种植工程

9.2.1 选苗

根据园林绿化苗木在移植前是否被移植，可将其分为原生苗和移植苗。播后多年未被移植过的苗木（或野生苗），因为吸收根分布在所掘根系范围之外，所以，被移栽后难以成活；经过多次适当移植的苗，栽植施工后成活率高、恢复快、绿化效果好。

9.2.2 高质量的园林苗木应具备的条件

（1）根系发达而完整，主根短直，接近根颈一定范围内要有较多的侧根和须根，起苗后大根系应无劈裂。

（2）苗干粗壮通直（藤木除外），高度适合，不徒长。

（3）主侧枝分布均匀，能构成完美树冠。其中，常绿针叶树的下部枝叶不能枯落成裸干状；干性强且无潜伏芽的某些针叶树（如某些松类、冷杉等），中央枝有较强优势，侧芽发育饱满，顶芽占有优势。

（4）无病虫害和机械损伤。

9.2.3 种植前的修剪技术要求

种植前应进行苗木根系修剪，将劈裂根、病虫根、过长根剪除，并对树冠进行修剪，保持地上地下平衡，减少水分的散发，保证树木成活。

（1）乔木类修剪规定

1）具有明显主干的高大落叶乔木应保持原有树形，对其适当疏剪，对保留的主侧枝应在健壮芽上短截，可剪去枝条的 1/5～1/3 长度。

2）无明显主干、枝条茂密的落叶乔木，干径在 10cm 以上的，可疏枝保持原树形；干径为 5～10cm 的，可选留主干上的几个侧枝，保持原有树形进行短截。

3）对枝条茂密、具圆头形树冠的常绿乔木可适量疏枝，对枝叶集中生于树干顶部的苗木可不修剪。具轮生侧枝的常绿乔木用作行道树时，可剪除其基部 2～3 轮侧生枝。

4）常绿针叶树不宜被修剪，只剪除病虫枝、枯死枝、生长衰弱枝，以及过密的轮生枝和下垂枝。

5）用作行道树的乔木，对其修剪时要注意分枝点的高度，顶干高度要大于 3m，第一分枝点以下的枝条应全部被剪除，对其分枝点以上枝条酌情疏剪或短截，并应保持树冠原形。

6）对珍贵树种的树冠宜少量疏剪。

7）对于较大的落叶树，尤其是生长势较强、容易抽生新枝的树木，可以进行强修剪，可剪去 1/2 以上的树冠。

（2）对灌木和藤蔓类植物修剪的规定

1）带土球或在湿润地区带宿土裸根的苗木，以及上年花芽分化的开花灌木不宜被修剪，当有枯枝、病虫枝时应予以剪除。

2）枝条茂密的大灌木可适量疏枝，短截去全部叶或部分叶，去除病枯枝、过密枝，对于过长的枝条可剪去 1/3～1/2 长。

3）对嫁接的乔木、灌木，应剪除接口以下砧木上的蒙条。

4）分枝明显、新枝着生花芽的小灌木，应顺其树势适当修剪，促生新枝和更新老枝。

5）对用作绿篱的乔木、灌木，只需剪去病枯枝、受伤枝即可。

6）对攀援类和蔓性植物，可剪去过长的部分。对攀援上架的苗木，可剪去交叉重叠的枝条。

9.2.4　挖种植穴

种植穴的大小要依据苗木的规格而定，穴的直径与深度一般比根系的幅度与深度（土球）大 20～30cm，在土壤贫瘠与坚实的地带，对种植穴应该加大，有的甚至被加大一倍。

挖穴以种植点为圆心，以穴的 1/2 为半径画圆，用白灰标记，然后沿圆的标记向外开挖。挖出圆的范围后，再继续深挖，切忌一开始就将白灰点挖掉，那会导致穴的中心位置偏移。

9.2.5　栽植方法

（1）裸根栽植：检查根的大小，不能窝根；先回一部分土（用湿润的细土回土）；若根失水过多，将根放入水中浸泡 10～12h。一人将树干扶直，放入坑中，另一人将坑边的好土回填，在泥土填入一半时，用手将苗木向上提起，使根茎交接处与地面相平，这样根不易有卷曲，然后将土踏实。

（2）土球苗栽植：土球大小和根的大小相适合，避免来回搬动土球；填土前要将包扎物去除，以利根系生长；填土时要充分压实，但不要损坏土球。

9.2.6　筑堰浇水

栽植后应在直径略大于种植穴的周围，筑高约为 15cm 的灌水土堰，土堰应筑实。栽完树木后，24h 内必须给树木浇一遍水，这遍水必须浇透，其作用是使树木根系与土壤密切接触，俗称"救命水"。浇第一遍水的 3d 后，再浇第二遍水；浇第二遍水的 7～10d 后，浇第三遍水。在干热风季节，应对新发芽的树冠喷水，喷水宜在每天 10：00 前和 16：00 后进行。

9.2.7　扶正、立支架

凡是胸径在 5cm 以上的乔木，特别是裸根种植的乔木，枝叶繁茂而又不宜对其大量修剪的常绿乔木，在有台风的地区或风口种植的大苗木，均应考虑给其支撑。支撑时捆绑不宜太紧，捆扎树木处应有夹垫物。树木的支撑点应在防止树木倾斜和翻倒的前提下尽可能降低。

9.2.8　栽后的养护管理与工程收尾

（1）裹干

在南方新栽的树木，特别是树皮薄、嫩、光滑的幼树，应该用粗麻布、粗帆布、特制的皱纸及其他材料包裹，防止树木发生日灼或干燥，减少病虫侵染的机会，冬天还可以防止动物啃食树木。将包裹物用细绳牢固地捆在固定的位置，或从地面开始，一圈一圈互相紧紧挨着向上缠至树木第一分枝处，保留两年令其自然脱落。在多雨季节，由于树皮和包裹材料之间保持过湿状态，容易诱发真菌性溃疡病，因此，在包裹之前应在树干上涂抹杀菌剂。

（2）树盘覆盖

在秋季栽植的常绿树，用稻草、腐叶土或充分腐熟的肥料覆盖树盘；街道上的树池也可以用碎木片、树皮、卵石或沙子等覆盖，可以提高树木栽植的成活率。覆盖物要全部遮蔽覆盖区，使其见不到土壤。覆盖的有机物一般保留一冬，到春天撤除或埋入土中。

9.3　园林工程量清单

9.3.1　概述

（1）概念

工程量清单是表现拟建工程的分部分项工程项目、措施项目、其他项目名称和相应数量的明细清单。

（2）工程量清单的产生

2001 年 10 月 25 日建设部召开的第四十九次常务会议审议通过，自 2001 年 12 月 1 日起施行《建筑工程施工发包与承包计价管理办法》。从 2003 年 7 月 1 日起施行《建设工程工程量清单计价规范》GB 50500—2003。

9.3.2　工程量清单计价简介

（1）概念

工程量清单计价是在建设工程招标投标中，招标人按照国家统一的工程量计算规则提供的工程量清单，投标人依据工程量清单、拟建工程的施工方案，结合自身实际情况，考虑风险后，自主报价的工程造价计价模式。推行工程量清单计价办法，其目的就是由招标人提供工程量清单，由投标人对工程量清单进行复核，结合企业管理水平、技术装备、施工组织措施等，依照市场价格水平、行业成本水平，及所掌握的价格信息，由企业自主报价。

（2）实行工程量清单计价的意义

1）是工程造价深化改革的产物

2）是工程造价改革与国际接轨的需要

3）营造了平等竞争、优胜劣汰的环境

4）实现了量价分离、风险共担

5）促进了企业管理水平的提高

6）规范建设市场秩序

（3）工程量清单计价的应用范围

1）应用工程量清单计价编制招标与标底价文件

2）应用工程量清单计价编制投标报价文件

3）应用工程量清单计价进行开标、评标与定标活动

4）应用工程量清单计价编制施工合同

5）应用工程量清单计价编制工程价款的结算

9.3.3　工程量清单计价的费用组成

（1）分部分项工程量清单费用

工程量清单计价采用综合单价计价方式。综合单价应由完成一个规定计量单位工程所需的全部费用组成，包括人工费、材料费、机械使用费、管理费、规费、利润和税金等，并考虑风险费用。

（2）措施项目清单费用

措施项目清单费用是指施工企业为完成工程项目施工，应发生于该工程施工前和施工过程中的技术、生活、安全等非工程实体项目费，包括为完成工程项目施工必须采取的各种措施所发生的费用。

（3）其他项目清单费用

其他项目清单费用包括招标人部分费用和投标人部分费用。

1）招标人部分费用

不可预见费；工程分包和材料购置费；其他费。

2）投标人部分费用

总承包服务费；零星工作费；其他费。

9.4　园林工程清单计价

9.4.1　工程量清单计价

工程造价＝分部分项工程量清单计价表合计＋措施项目清单计价表合计＋其他项目清单计价表合计＋规费＋税金

9.4.2　分部分项工程费的构成及计算

分部分项工程费是指完成分部分项工程量清单项目所需的费用。分部分项工程量清单计价应采用综合单价计价。

（1）综合单价概念

综合单价包括完成一个规定计量单位的分部分项工程量清单项目或措施清单项目所需的人工费、材料费、施工机械使用费、企业管理费、利润及一定范围的风险费用。

（2）综合单价的组成

综合单价＝规定计量单位项目人工费＋规定计量单位项目材料费＋规定计量单位项目

机械使用费＋取费基数 ×（企业管理费率＋利润率）＋风险费用

9.4.3　措施费用

措施费用是指工程量清单中，除工程量清单项目费用以外，为保证工程顺利进行，按照国家现行有关建设工程施工及验收规范、规程要求，必须配套完成的工程内容所需的费用。可计算工程量的措施清单项目费用包括混凝土与钢筋混凝土模板及脚手架费、支架费等。其他的措施项目清单费用包括安全文明施工费、大型机械设备进场及安拆费、夜间施工增加费、缩短工期增加费、二次搬运费、已完工程及设备保护费等，以"项"为单位。

9.4.4　其他项目费的构成与计算

其他项目清单根据拟建工程的具体情况列项。其他项目一般包括以下几项：

（1）暂列金额

（2）暂估价

（3）总承包服务费

一般总承包服务费率为 1%～3%。

（4）零星工作项目费

9.4.5　规费的组成及计算

规费是指政府和有关部门规定必须缴纳的费用，不得作为竞争性费用。

9.4.6　税金的组成及计算

税金是指国家税法规定的应计入建筑安装工程造价内的营业税、城市建设维护税及教育费附加，不得作为竞争性费用。

9.4.7　工程量清单计价步骤

（1）熟悉工程量清单

工程量清单是计算工程造价最重要的依据，在计价时必须全面了解每一个清单项目的特征描述，熟悉其所包括的工程内容，以便在计价时不漏项、不重复。

（2）研究招标文件

投标单位拿到招标文件后，应根据招标文件的要求，对照图纸，对提供的工程量清单进行复核。

（3）工程量清单的复核

（4）熟悉施工图纸

（5）熟悉工程量计算规则并计算施工工程量

要根据所给清单并结合施工图纸，计算出每个清单项目各工程内容的施工工程量。

（6）了解施工组织设计

（7）熟悉材料订货的有关情况

（8）明确主材和设备的来源情况

第 2 篇

操作技能

第10章 园林植物识别

10.1 木本植物识别

见表 10-1-1。

对于木本植物建议识别的品种（不仅限）   表 10-1-1

序号	类型	名称	科　属
1	乔木	广玉兰	木兰科木兰属
2	乔木	香樟	樟科樟属
3	乔木	白玉兰	木兰科木兰属
4	乔木	棕榈	棕榈科棕榈属
5	乔木	红枫	槭树科槭属
6	乔木	黑松	松科松属
7	乔木	雪松	松科雪松属
8	乔木	马尾松	松科松属
9	乔木	湿地松	松科松属
10	乔木	乌桕	大戟科乌桕属
11	乔木	黄连木	漆树科黄连木属
12	乔木	银杏	银杏科银杏属
13	乔木	无患子	无患子科无患子属
14	乔木	红叶李	蔷薇科李属
15	乔木	合欢	豆科合欢属
16	乔木	悬铃木	悬铃木科悬铃木属
17	乔木	乐昌含笑	木兰科含笑属
18	乔木	二乔玉兰	木兰科木兰属
19	乔木	栾树	无患子科栾树属
20	乔木	榆树	榆科榆属
21	乔木	榔榆	榆科榆属
22	乔木	榉树	榆科榉属
23	乔木	朴树	榆科朴属
24	乔木	木瓜海棠	蔷薇科木瓜属

续表

序号	类型	名称	科　　属
25	乔木	柳杉	杉科柳杉属
26	乔木	池杉	杉科落羽杉属
27	乔木	水杉	杉科水杉属
28	乔木	三角枫	槭树科槭属
29	乔木	枫香	金缕梅科枫香属
30	乔木	国槐	蝶形花科槐属
31	乔木	枫杨	胡桃科枫杨属
32	乔木	桂花	木犀科木犀属
33	乔木	垂柳	杨柳科柳属
34	乔木	旱柳	杨柳科柳属
35	乔木	臭椿	苦木科臭椿属
36	乔木	重阳木	大戟科秋枫属
37	乔木	梧桐	梧桐科梧桐属
38	乔木	枇杷	蔷薇科枇杷属
39	乔木	丁香	木犀科丁香属
40	乔木	木槿	锦葵科木槿属
41	乔木	山楂	蔷薇科山楂属
42	乔木	龙柏	柏科圆柏属
43	乔木	杜英	杜英科杜英属
44	乔木	构树	桑科构属
45	乔木	樱花	蔷薇科樱属
46	乔木	紫薇	千屈菜科紫薇属
47	乔木	马褂木	木兰科鹅掌楸属
48	乔木	金钱松	松科金钱松属
49	乔木	海桐	海桐科海桐花属
50	乔木	刺槐	豆科刺槐属
51	乔木	梅	蔷薇科杏属
52	乔木	杏	蔷薇科杏属
53	乔木	夹竹桃	夹竹桃科夹竹桃属
54	乔木	桑树	桑科桑属

续表

序号	类型	名称	科属
55	乔木	梨	蔷薇科梨属
56	乔木	南洋杉	南洋杉科南洋杉属
57	乔木	苦楝	楝科楝属
58	乔木	落羽杉	杉科落羽杉属
59	乔木	刚竹	禾本科刚竹属
60	灌木	茶花	山茶科山茶属
61	灌木	石楠	蔷薇科石楠属
62	灌木	西府海棠	蔷薇科苹果属
63	灌木	垂丝海棠	蔷薇科苹果属
64	灌木	枸骨	冬青科冬青属
65	灌木	厚皮香	山茶科厚皮香属
66	灌木	海桐	海桐科海桐花属
67	灌木	小叶女贞	木犀科女贞属
68	灌木	红叶石楠	蔷薇科石楠属
69	灌木	法国冬青	忍冬科荚蒾属
70	灌木	连翘	木犀科连翘属
71	灌木	迎春	木犀科茉莉属
72	灌木	云南黄馨	木犀科茉莉属
73	灌木	探春	木犀科茉莉属
74	灌木	罗汉松	罗汉松科罗汉松属
75	灌木	大叶黄杨	黄杨科黄杨属
76	灌木	瓜子黄杨	黄杨科黄杨属
77	灌木	金丝桃	藤黄科金丝桃属
78	灌木	红花檵木	金缕梅科檵木属
89	灌木	杜鹃	杜鹃花科杜鹃属
80	灌木	苏铁	苏铁科苏铁属
81	灌木	木芙蓉	锦葵科木槿属
82	灌木	杨梅	杨梅科杨梅属
83	灌木	日本五针松	松科松属
84	灌木	茶梅	山茶科山茶属

序号	类型	名称	科　　属
85	灌木	棣棠	蔷薇科棣棠属
86	灌木	紫叶碧桃	蔷薇科桃属
87	灌木	贴梗海棠	蔷薇科木瓜属
88	灌木	蜡梅	蜡梅科蜡梅属
89	灌木	木绣球	忍冬科荚蒾属
90	灌木	花石榴	石榴科石榴属
91	灌木	栀子	茜草科栀子属
92	灌木	瑞香	瑞香科瑞香属
93	灌木	结香	瑞香科结香属
94	灌木	南天竺	小檗科南天竹属
95	灌木	红瑞木	山茱萸科梾木属
96	灌木	榆叶梅	蔷薇科桃属
97	灌木	月季	蔷薇科蔷薇属
98	灌木	玫瑰	蔷薇科蔷薇属
99	灌木	牡丹	毛茛科芍药属
100	灌木	小檗	小檗科小檗属
101	灌木	铺地柏	柏科圆柏属
102	灌木	六月雪	茜草科六月雪属
103	灌木	八角金盘	五加科八角金盘属
104	灌木	海桐	海桐科海桐花属
105	灌木	狭叶十大功劳	小檗科十大功劳属
106	灌木	阔叶十大功劳	小檗科十大功劳属
107	灌木	金银木	忍冬科忍冬属
108	灌木	榕树	桑科榕属
109	灌木	米兰	楝科米仔兰属
110	灌木	鹅掌柴	五加科鹅掌柴属
111	灌木	七叶树	七叶树科七叶树属
112	灌木	金丝梅	藤黄科金丝桃属
113	灌木	金钟花	木犀科连翘属
114	灌木	小蜡	木犀科女贞属

续表

序号	类型	名称	科　属
115	灌木	蜡梅	蜡梅科蜡梅属
116	灌木	琼花	忍冬科荚蒾属
117	灌木	慈孝竹	禾本科簕竹属
118	灌木	紫荆	豆科紫荆属
119	灌木	箬竹	禾本科箬竹属
120	藤本	紫藤	豆科紫藤属
121	藤本	凌霄	紫葳科凌霄属

10.2　草本植物识别

见表 10-1-2。

对于草本植物建议识别的品种（不仅限）　　　　表 10-1-2

序号	类型	名称	科　属
1	草花	百日草	菊科百日菊属
2	草花	仙客来	报春花科仙客来属
3	草花	向日葵	菊科向日葵属
4	草花	美女樱	马鞭草科马鞭草属
5	草花	康乃馨	石竹科石竹属
6	草花	天竺葵	牻牛儿苗科天竺葵属
7	草花	大丽花	菊科大丽花属
8	草花	孔雀草	菊科万寿菊属
9	草花	金鱼草	玄参科金鱼草属
10	草花	四季海棠	秋海棠科秋海棠属
11	草花	满天星	石竹科石头花属
12	草花	风信子	风信子科风信子属
13	草花	郁金香	百合科郁金香属
14	草花	百合	百合科百合属
15	草花	水仙	石蒜科水仙属
16	草花	虞美人	罂粟科罂粟属
17	草花	千日红	苋科千日红属
18	草花	风铃草	桔梗科风铃草属

续表

序号	类型	名称	科　　属
19	草花	红花酢浆草	酢浆草科酢浆草属
20	草花	萱草	百合科萱草属
21	草本	八仙花	虎耳草科八仙花属
22	草花	吊兰	百合科吊兰属
23	草本	芦荟	百合科芦荟属
24	草花	美人蕉	美人蕉科美人蕉属
25	草花	彩叶草	唇形科鞘蕊花属
26	草花	鸡冠花	苋科青葙属
27	草花	蝴蝶花	鸢尾科鸢尾属
28	草花	万寿菊	菊科万寿菊属
29	草花	一串红	唇形科鼠尾草属
30	草花	三色堇	堇菜科堇菜属
31	草花	矮牵牛	茄科矮牵牛属
32	草花	瓜叶菊	菊科瓜叶菊属
33	草花	金盏菊	菊科金盏菊属
34	草花	非洲菊	菊科大丁草属
35	草花	彼岸花	石蒜科石蒜属
36	草花	八宝景天	景天科八宝属
37	草花	玉簪	百合科玉簪属
38	草花	百合	百合科百合属
39	草花	水仙	石蒜科水仙属
40	草花	朱顶红	石蒜科朱顶红属

第11章　园林病虫害识别

11.1　常见园林病害

海棠腐烂病

树干感病部位初期树皮稍变红褐色，病、健组织界限明显，后期病斑迅速扩大。病部膨胀而软化，并有黄褐色液体流出，病疤后期干缩凹陷呈褐色，病皮上凸出许多黑色小颗粒，这是病菌的分生孢子器，遇雨或天气潮湿时，常从小黑颗粒上溢出橙黄色丝状卷曲的孢子角，枝上病斑严重时，上部叶片变黄。海棠腐烂病见图11-1-1。

月季枝枯病

主要危害枝条，引起病部以上的枝条枯萎死亡，甚至全株枯死。病部表现为溃疡病斑，病斑大小和形态随树龄变化。初期为红色小斑点，逐渐扩大变成深色，病斑中心变成浅褐色，红褐色或紫褐色的边缘与茎的绿色部分对比十分明显。此种深色边缘比较模糊，为更加不清晰的红色区域所包围。病菌的分生孢子器在病部中心变为褐色时，以微小突起出现。随着分生孢子器的增大，其上面的表皮出现了纵向裂缝，潮湿时涌出黑色孢子堆，此种裂缝为枝枯病特有症状。发病严重时病部以上部分枝叶萎缩枯死。月季枝枯病见图11-1-2。

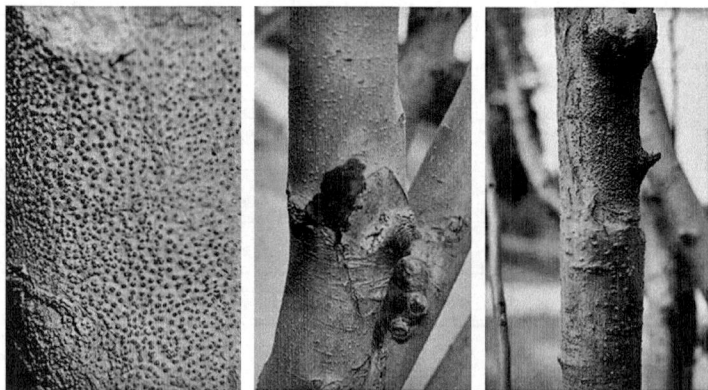

图 11-1-1　海棠腐烂病　　　　　　　　图 11-1-2　月季枝枯病

泡桐丛枝病

在枝、叶、干、根、花部均表现病状。常见为丛枝型：隐芽大量萌发，侧枝丛生，纤弱，形成扫帚状，叶片小，黄化，有时有皱缩。幼苗感病则植株矮化。花变枝叶型：花瓣变成叶状，花柄或柱头生出小枝，花萼明显变薄，花托多裂，花蕾变形。病苗翌年发芽早，萌发密，且集中于近根10cm处，顶梢多数枯死，其地面下根系亦呈丛生状。病枝常在冬季枯死，其韧皮部有坏死。泡桐丛枝病见图11-1-3。

图 11-1-3　泡桐丛枝病

栀子花煤污病

在叶及枝上最初发生黑色辐射状小霉斑，连片后呈纤薄绒状黑色霉层，较易剥离，严重时全株呈污黑色，仅留顶端新叶保持绿色。栀子花煤污病见图 11-1-4。

鸢尾叶斑病

典型症状为独特的"眼斑"，大小病斑相似，逐渐连片，中心呈浅灰色，边缘为深褐色，病斑多发生于叶片上半部。病斑初期为小的带有水渍状边缘的褐色斑。这点与细菌性叶斑易混淆。鸢尾叶斑病见图 11-1-5。

图 11-1-4　栀子花煤污病　　　　**图 11-1-5　鸢尾叶斑病**

芍药褐斑病

主要危害芍药叶片、嫩茎，也危害叶柄、叶脉、花及果实等。叶面最初出现褪绿色、略突起的圆形小点，随后逐渐扩展成直径为 7～12mm、呈暗紫红色的圆形至不规则形大斑，多具有淡褐色轮纹，病斑边缘不明显。叶背病斑为浅褐色，遇多雨潮湿天气，其上产生暗绿色霉层。有时病斑相连成片，最后整个叶片变为褐色，焦脆而易破裂。病斑如发生在叶缘，则使叶片呈轻微的扭曲状。芍药褐斑病见图 11-1-6。

月季黑斑病

主要危害叶片，发病初期叶片上长出褐色放射状病斑，边缘不明显，以后病斑逐渐扩大为圆形或近圆形，直径为 4～12mm，为紫褐色或黑褐色，边缘明显，病部坏死，上生黑色小点，即病原菌的分生孢子盘。发病严重植株，下部叶子枯黄，导致早期落叶，影响生长。月季黑斑病见图 11-1-7。

图 11-1-6　芍药褐斑病

图 11-1-7　月季黑斑病

山茶炭疽病

此病是山茶上常见的叶部病害。一般多发生在成叶上，新梢偶有发生。在叶部多自叶尖或叶缘开始发生，但亦有从其他部位开始发生的。初为水渍状暗绿色的圆形斑点，后扩大成不规则的大斑，黄褐色至褐色，病斑边缘稍隆起，与健全组织分界明显。以后病斑中部呈灰白色，斑上无轮纹，其上散生许多小黑点。山茶炭疽病见图 11-1-8。

牡丹（芍药）炭疽病

茎、叶、芽鳞和花均可受害。叶片被害，初期病斑小，为圆形，中央为灰白色，边缘为红褐色，后期穿孔。茎部病斑多呈条状溃疡，常弯曲，幼茎受害则迅速枯萎。花瓣上为粉红色小斑，有畸形花。牡丹（芍药）炭疽病见图 11-1-9。

图 11-1-8　山茶炭疽病　　　图 11-1-9　牡丹（芍药）炭疽病

兰花炭疽病

主要危害兰花的叶片，有时也侵染茎和果实。叶上病斑开始呈圆形，中央为浅褐色或灰白色，边缘为深褐色或黑褐色，周围有褪绿色晕圈；后期病斑上产生黑色小点，散生或略呈轮状排列，在潮湿条件下，会出现橙黄色黏稠物。叶片上病斑随着病害的发展可扩展为长达数厘米不规则的大斑，或病斑连接成片，最后引起叶片枯黄。叶上病斑大小为 3～20mm，相差悬殊。兰花炭疽病见图 11-1-10。

草坪锈病

主要侵染叶片或叶鞘。初发病症状为叶片上散生黄色小疱斑，即夏孢子堆，表皮破裂后露出鲜黄色粉状物。逐渐扩展成椭圆形或长椭圆形，后期有时也产生长椭圆形黑褐色小疱斑，露出黑褐色粉状物，即冬孢子堆。严重时病斑紧密成层，叶片变黄，纵卷干枯。草坪锈病见图 11-1-11。

图 11-1-10　兰花炭疽病　　　　图 11-1-11　草坪锈病

玫瑰锈病

春季病芽基部呈淡黄色，芽膨大后，鳞片内有黄色孢子粉，抽出的病芽弯曲皱缩，上有黄粉，并逐渐枯死。感病叶片初期正面出现淡黄色病斑，叶背生有黄色粉状物，即夏孢子堆和夏孢子，秋末叶背病斑上生有黑褐色粉状物，即冬孢子堆和冬孢子。玫瑰锈病见图 11-1-12。

图 11-1-12　玫瑰锈病

紫薇白粉病

病菌主要侵害嫩叶和嫩梢，感病后的叶片正反两面呈灰白色病斑，并覆盖白色粉层，病斑扩大后近圆形，大小不等。嫩叶受害后，易发生扭曲，最后黄化凋萎脱落。新梢感病后也生有白粉，影响叶片木质化。紫薇白粉病见图 11-1-13。

图 11-1-13　紫薇白粉病

月季白粉病

被害部位布满白色粉霉层。嫩叶感病初期幼叶卷曲，皱缩变厚，反卷，较正常叶片发紫。生长期叶片感病，叶面呈现褪绿黄斑，逐渐扩大终至全叶枯黄脱落。叶柄和嫩梢受害，病部略膨肿，向下呈弯曲状，节间缩短。花蕾感病，轻者花姿畸形，重者枯萎，丧失观赏价值。月季白粉病见图 11-1-14。

菟丝子病

被害植株被黄色、黄白色或红褐色无叶细藤缠绕，枝叶紊乱不舒展，枝叶因被寄生物缠绕，常产生缢痕。幼苗被害后因生长发育不良，树势衰弱，最后全枯死。3～4 年生幼树被害后，仅局部枝条枯死。菟丝子病见图 11-1-15。

图 11-1-14　月季白粉病　　　　　图 11-1-15　菟丝子病

11.2　食叶性害虫

短额负蝗

成虫体长为 21～32mm，有淡绿、褐、淡黄等色，头额为锥形，复眼至头顶端的距离为复眼直径的 1.1 倍（长额负蝗为 1.5 倍），前翅为绿色，后翅基部为红色、端部为绿色。

若虫虫体为淡绿色，布有白色斑点，触角末端膨大，色较其他节为深。复眼为黄色，前、中足有紫红色斑点，呈鲜明的红绿色彩。短额负蝗见图 11-2-1。

■ 成虫

图 11-2-1　短额负蝗

柑橘凤蝶

成虫:夏型成虫，体长为 27mm 左右，翅展为 91mm 左右，体色为暗黄色或淡绿色、黄绿色。胸、腹背面有黑色背中线，两侧为黄白色。翅面为黑色，外缘有黄色波形线纹，亚外缘有 8 个黄色新月形斑。中室上方有 2 个黄色新月形斑。后翅为黑色，外缘有波状黄色线纹，亚外缘有 6 个新月形斑，基角处有 8 个黄斑，中脉第 3 支脉向外延伸呈燕尾状，臀角上黄色圆形斑内有一个小黑点。春型成虫比夏型体小，体长为 21～24mm，翅展为 60～75mm。

卵：圆球形，直径为 1.2～1.3mm，初产时为黄白色，近孵化时变成黑灰色。

幼虫：黄绿色，体长为 48mm。初孵幼虫为淡紫色至黑色，2～4 龄幼虫为黑褐色，有白色斜带纹，形似鸟粪，体上有突起肉刺，后胸两侧有蛇眼线纹。臭腺角为橙黄色。

柑橘凤蝶见图 11-2-2。

■ 卵

■ 成长幼虫

■ 3～4 龄幼虫

图 11-2-2　柑橘凤蝶

茶蓑蛾

成虫：雌雄异型，雄虫无翅，体长为 12～16mm，蛆形，肥胖，头小，生 1 对刺突。雄虫体长为 11～15mm，翅展为 22～30mm。体和翅均深褐色，触角羽状，前翅近翅尖处和外缘近中央处各有一透明长方形斑。

幼虫：老熟幼虫体长为 10～26mm。各胸节亚背线及中后胸气门上线有褐色纵带，带间有白色。

蛹：雌蛹锤形，深褐色，头小，胸部弯曲，体长为 14～18mm。雄蛹褐色，体长为 11～13mm，腹部弯曲。

护囊：橄榄形，黑褐色丝质，幼虫护囊长为 25～30mm，囊外贴枝皮碎片和断截的小枝梗，平行纵列整齐。

茶蓑蛾见图 11-2-3。

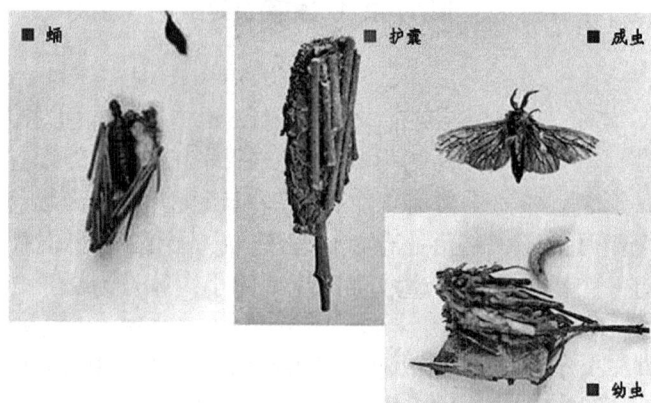

图 11-2-3　茶蓑蛾

11.3　枝干害虫

竹象虫

成虫体长为 15～21mm。管状喙长为 5～8mm。雌虫细长光滑，雄虫粗短有突起。雌虫羽化为乳白或淡黄色，后为赤褐色。前胸背板有一字形黑翅，翅中各有两个黑斑。

竹象虫见图 11-3-1。

图 11-3-1　竹象虫

星天牛

成虫体黑色而有光泽,具小白斑,体长为 19～39mm。头部和体腹面被银灰色和部分灰色细毛,不形成斑纹。触角第 3～11 节每节基部有淡蓝色环。雄虫触角超过身长 1 倍,雌虫触角则稍长于体。前胸背中瘤明显,侧刺突粗壮。小盾片及足的跗节被淡青色细毛。鞘翅基部密布颗粒,鞘翅表面分布许多白色细绒毛组成的斑点,呈不规则排列。

幼虫呈淡黄白色,老熟幼虫体长为 45～67mm。前胸背板前方左右各有一黄褐色飞鸟形斑纹,后方有一块黄褐色"凸"字形大斑纹,略隆起。胸足退化、消失。中胸腹面、后胸及腹部第 1～7 节背、腹两面均具有移动器。背面的移动器呈椭圆形,中有横沟,周围呈不规则隆起,密生极细刺突。

星天牛见图 11-3-2。

■ 成虫　　　　　　　　　　　　■ 幼虫

图 11-3-2　星天牛

11.4　刺吸性害虫

梨冠网蝽

成虫体长为 3.5mm,体形扁平,黑褐色,触角丝状,有 4 节。前胸背板中央纵向隆起,向后延伸呈叶状突起;前胸两侧向外凸出成翼片状,前翅略呈长方形。具黑褐色斑纹,静止时,两翅叠起黑褐斑纹呈 X 状。前胸背板与前翅均为半透明,具褐色细网纹。后翅膜质为白色透明,翅脉为暗褐色。虫体胸腹面为黑褐色,外敷白粉。腹部为金黄色,有黑色斑纹,足为黄褐色。

若虫体长约为 1.9mm,初孵时为乳白色,后渐变为暗褐色,3 龄时翅芽明显,外形似成虫,在前胸、中胸和腹部第 3～8 节的两侧均有明显的锥状刺突。

梨冠网蝽见图 11-4-1。

温室白粉虱

成虫体长为 1.5mm 左右。淡黄色,翅面覆盖白色蜡粉。

若虫呈长卵圆形,扁平,淡黄绿色,体具长短不齐蜡质丝状突起,共 3 龄,1、2、3 龄体长分别为 0.29mm、0.38mm、0.52mm。

伪蛹实际是 4 龄若虫,长 0.8mm,椭圆形,一般背具 8 对蜡质刚毛状突起。

温室白粉虱见图 11-4-2。

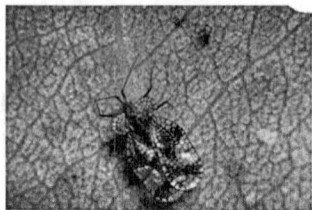
■ 成虫

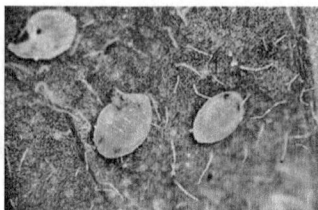
■ 伪蛹

■ 成虫

图 11-4-1　梨冠网蝽　　　　　　　图 11-4-2　温室白粉虱

桃蚜

无翅孤雌蚜体长为 2.2mm，体为绿色、黄色、褐赤色。额瘤显著，内缘圆，内倾，中额微隆起，触角长为 2.1mm，腹管圆筒形，各节有瓦纹，端部有突起，尾片为圆锥形，有曲毛 6～7 根。有翅孤雌蚜，体长同无翅蚜；触角长为 2mm，第 3 节有小圆形次生感觉圈，9～11 个排列成行；头、胸为黑色，腹部为淡绿色。腹管长为 0.45mm，稍短于触角的第 3 节。桃蚜的主要区别特征：在桃、李上的危害状是叶向反面横卷或不规则卷缩。体色春季为黄绿，有翠绿色背中线和侧横带；夏季为白色至淡黄绿色；秋季为褐至赤褐色，腹管为淡色，顶端稍暗。

桃蚜见图 11-4-3。

图 11-4-3　桃蚜

11.5　地下害虫

小地老虎

成虫体长为 16～33mm，翅展为 42～54mm。头、胸部呈暗褐色，腹部呈灰褐色。雌蛾触角为丝状，雄蛾触角为双栉齿形。前翅前缘呈黑褐色，并有 6 个白色小点。内横线内部及外横线外部多为淡茶褐色，两线三间及近外缘部分为暗褐色。肾状纹、环状纹及棒状纹周围各围以黑边，在肾状纹外侧凹陷处，有一尖端向外的黑色楔形斑，与亚外缘线上两个尖端向内黑色楔形斑相对，这是本种显著特征。亚基线、内基线、外横线以及亚外线均为双条曲线，但仅内外横线明显。外缘及缘毛上各有（约 8 个）一列黑色小点。后翅为灰白色，翅脉及近外缘为茶褐色，缘毛为白色，有淡茶褐色线一条。

幼虫共 6 龄，少数为 7～8 龄。老熟幼虫体长为 37～47mm，宽为 5～6.5mm。呈黄褐色至暗色，背线明显。表面极粗糙，密被黑色颗粒。腹部末端硬皮板为黄褐色，上有明显的两条褐色纵带。

小地老虎见图 11-5-1。

东方蝼蛄

雄成虫体长为 30mm，雌成虫体长为 33mm，全体为茶褐色至黑褐色，密被细毛。前翅达腹部中央，后翅超过腹末。后足胫节背侧内缘有 3～4 个棘刺，腹末具尾毛，见图 11-5-2。

图 11-5-1　小地老虎

图 11-5-2　东方蝼蛄

11.6　其他种类害虫

见表 11-6-1。

其他种类害虫　　　　　　　　　　　　　　　　表 11-6-1

有害生物种类	拉丁学名	主要寄主植物	危害部位
中华裸角天牛（薄翅锯天牛、中华薄翅天牛、薄翅天牛、大棕天牛）	*Aegosoma sinicum* White	悬铃木	干部
直纹稻弄蝶（直纹稻苞虫）	*Parnara guttata* Bermer et Grey	禾本科	叶部
樟脊冠网蝽（樟脊网蝽）	*Stephanitis macaona* Drake	香樟	叶部
樟个木虱（樟叶木虱、樟木虱）	*Trioza camphorae* Sasaki	香樟	叶部
芫天牛	*Mantitheus pekinensis* Fairmaire	圆柏（桧柏）、白皮松	干部、枝梢部
杨柳绿虎天牛（杨柳云天牛）	*Chlorophorus motschulskyi* Gangi	柳属	干部、根部
星天牛（柑橘天牛、华星天牛）	*Anoplophora chinensis* Forster	垂柳、柑橘	干部
小黄鳃金龟	*Melolontha flavescens* Brenske	苹果、山杨（杨树）	根部
肖毛翅夜蛾	*Thyas honesta* Hubner	李（李树）、木槿	叶部、种实
梧桐木虱（青桐木虱）	*Thysanogyna limbata* Enderlein	梧桐	枝梢部
铜绿异丽金龟（铜绿丽金龟、铜绿金龟子）	*Anomala corpulenta* Motschulsky	蔷薇属	根部
甜菜夜蛾（贪夜蛾）	*Spodoptera exigua* Hubner	洋槐（刺槐）、泡桐属	叶部
桃蛀螟（桃蛀野螟、桃蛀野螟蛾）	*Conogethes punctiferalis* Guenee	桃（桃树）、梨属	枝梢部、叶部
桃虎象	*Rhynchites confragossicollis* Voss	桃属	叶部、种实

续表

有害生物种类	拉丁学名	主要寄主植物	危害部位
桃大尾蚜（桃粉蚜）	*Hyalopterus arundimis* Fabricius	桃属	叶部
双斑锦天牛	*Acalolepta sublusca* Thomson	黄杨属、卫矛	干部、枝梢部
石榴巾夜蛾	*Dysgonia stuposa* Fabricius	石榴	叶部
桑枝尺蛾	*Hemerophila atrilineate* Butler	桑属	叶部
珀蝽	*Plautia fimbriata* Fabricius	桃属、梨属	叶部、种实
苹烟尺蛾	*Phthonosema tendinosaria* Bremer	苹果、梨属	叶部
棉卷叶野螟（棉大卷叶螟）	*Sylepta derogata* Harnpson	木槿、木芙蓉、女贞	叶部
蒙古异丽金龟	*Anomala mongolica* Motschulsky	松科、蔷薇科	根部
麻皮蝽（黄斑蝽）	*Erthesina fullo* Thunberg	杨柳科、海桐	枝梢部、叶部
栾多态毛蚜	*Periphyllus koelreuteriae* Takahashi	栾树	叶部
李尺蛾（李尺蠖）	*Angerona prunaria* Linnaeus	李属、榆属、侧柏	叶部
梨二叉蚜	*Schizaphis piricola* Matsumura	梨属	叶部
咖啡透翅天蛾	*Cephonodes hylas* Linnaeus	栀子、黄杨属	叶部
黄星大牛（黄星桑天牛、桑黄星天牛）	*Psacothea hilaris* Pascoe	桑（桑树）、无花果	干部
黄脸油葫芦	*Teleogryllus emma* Ohmachi et Matsumura	麦冬、毛竹	根部
黄脊雷篦蝗（黄脊竹蝗）	*Rammeacris kiangsu* Tsai	禾本科、毛竹	叶部
黄褐异丽金龟（黄褐丽金龟）	*Anomala exoleta* Falderman	蔷薇属	根部
黄刺蛾（洋辣子、茶树黄刺蛾）	*Monema flavescens* Walker	蔷薇属	叶部
核桃豹夜蛾（胡桃豹夜蛾）	*Sinna extrema* Walker	胡桃（核桃）	叶部
红脊长蝽	*Tropidothorax elegans* Distant	洋槐（刺槐）	枝梢部、种实
蚱蝉（黑蚱蝉）	*Cryptotympana atrata* Fabricius	女贞、玉兰	干部、枝梢部
东方绢金龟（东方绒鳃金龟、黑绒金龟、黑绒鳃金龟、赤绒鳃金龟）	*Maladera orientalis* Motschulsky	蔷薇属	根部
黑足树蜂	*Sirex juvencus* imperialis Kirby	垂柳	叶部
瓜绢野螟（瓜绢螟）	*Diaphania indica* Sauders	黄杨（锦熟黄杨、瓜子黄杨、黄杨木）、木槿	叶部
野葛（葛藤）	*Pueraria lobata*（Willd.）Ohwi	樟（樟树）、朴树	干部、枝梢部
短额负蝗（红后负蝗）	*Atractomorpha sinensis* Bolivar	栀子、鸢尾	枝梢部、叶部
杜鹃冠网蝽（娇膜网蝽）	*Stephanitis pyriodes* Scott	杜鹃	枝梢部、叶部

有害生物种类	拉丁学名	主要寄主植物	危害部位
冬青叶斑病	*Macrophoma illicis-cornutae*	冬青	叶部
东方蝼蛄（蝼蛄）	*Gryllotalpa orientalis* Burmeister	榆属、槐树	根部
稻眉眼蝶	*Mycalesis gotoma* Moore	禾本科	枝梢部、叶部
大青叶蝉（沙棘叶蝉）	*Cicadella viridis* Linnaeus	榆属、梧桐	枝梢部、叶部
东北大黑鳃金龟（东北齿爪鳃金龟、大黑鳃金龟）	*Holotrichia diomphalia* Bates	杨柳科、蔷薇属	叶部、根部
大袋蛾（南大蓑蛾、香樟大袋蛾）	*Clania variegata* Snellen	紫薇	叶部
吹绵蚧（国槐吹绵蚧、绵团蚧、棉籽蚧、白条蚧）	*Icerya purchasi* Maskell	海桐、黄杨	枝梢部、叶部
臭椿皮夜蛾（臭椿皮蛾、旋皮夜蛾、旋夜蛾）	*Eligma narcissus* Cramer	香椿、臭椿	枝梢部、叶部
茶长卷叶蛾（茶长卷蛾、茶卷叶蛾、褐带长卷叶蛾、黄杨卷叶螟）	*Homona coffearia*	柑橘	枝梢部、叶部
茶翅蝽（臭木蝽象、臭木蝽、茶色蝽）	*Halyomorpha halys* Sthl	秋海棠、杨柳科	种实
叉茎叶蝉	*Dryadomorpha pallida* Kirkaldy	紫薇	枝梢部、叶部
侧柏叶枯病	*Chloroscypha platycladus*	侧柏	干部、枝梢部、叶部
变色夜蛾	*Hypopyra vespertilio* Fabricius	合欢	枝梢部、叶部
碧蛾蜡蝉	*Geisha distinctissima* Walker	樟属、榆属、蔷薇属	枝梢部、叶部
斑衣蜡蝉（红娘子、斑衣、臭皮蜡蝉）	*Lycorma delicatula* White	臭椿、香椿	叶部
暗黑齿爪鳃金龟（暗黑鳃金龟、暗黑金龟子）	*Holotrichia parallela* Motschulsky	蔷薇科	根部
粉绿金刚钻（粉缘钻夜蛾、柳金刚夜蛾）	*Earias pudicana* Staudinger	杨属、柳属	叶部
蟪蛄	*Platypleura kaempferi* Fabricius	海棠花	干部、枝梢部、叶部
桃红颈天牛	*Aromia bungii* Faldermann		干部、枝梢部
青凤蝶（樟青凤蝶）	*Graphium sarpedon* Linnaeus	香樟	枝梢部、叶部
玉带凤蝶	*Papilio polytes* Linnaeus	香樟	枝梢部、叶部
宽边黄粉蝶（宽边小黄粉蝶）	*Eurema hecabe* Linnaeus	合欢	枝梢部、叶部
红灰蝶（铜灰蝶）	*Lycaena phlaeas* Linnaeus	蓼科	

续表

有害生物种类	拉丁学名	主要寄主植物	危害部位
大红蛱蝶（印度赤蛱蝶、苎麻赤蛱蝶）	*Vanessa indica* Herbst	榆（榆树、白榆）	枝梢部、叶部
黑脉蛱蝶	*Hestina assimilis* Linnaeus	朴树	枝梢部、叶部
猫蛱蝶	*Timelaea maculata* Bremer et Grey		枝梢部、叶部
点玄灰蝶（密点玄灰蝶）	*Tongeia filicaudis* Pryer	红景天	干部、枝梢部、叶部
构月天蛾（钩月天蛾）	*Parum colligata* Walker	构树	枝梢部、叶部
榆绿天蛾（云纹天蛾）	*Callambulyx tatarinovi* Bremer et Grey		枝梢部、叶部
红天蛾	*Pergesa elpenor lewisi* Butler	凤仙花	枝梢部、叶部
斜纹天蛾	*Theretra clotho* Drury	木槿	枝梢部、叶部
紫光箩纹蛾	*Brahmaea porphyria* Chu et Wang	女贞	枝梢部、叶部
小地老虎（土蚕、地蚕）	*Agrotis ipsilon* Rottemberg	桑（桑树）	枝梢部、叶部、根部
玫瑰巾夜蛾	*Dysgonia arctotaenia* Cuence	月季花	枝梢部、叶部
斜纹夜蛾（一点斜纹网蛾）	*Spodoptera litura* Fabriciua	木槿	枝梢部、叶部
金星垂耳尺蛾	*Pachyodes amplificata* Walker	黄杨（锦熟黄杨、瓜子黄杨、黄杨木）	枝梢部、叶部
黄钩蛱蝶（金钩角蛱蝶、黄蛱蝶）	*Polygonia caureum* Linnaeus	榆（榆树、白榆）	枝梢部、叶部
菜粉蝶	*Pieris rapae* Linnaeus	十字花科	枝梢部、叶部
苹果枯叶蛾（苹枯叶蛾、苹毛虫）	*Odonestis pruni* Linnaeus	梅（梅树）	枝梢部、叶部
褐边绿刺蛾（黄缘绿刺蛾、褐袖刺蛾、绿刺蛾、青刺蛾）	*Latoia consocia* Walker	木犀（桂花）、月季花	枝梢部、叶部
斐豹蛱蝶	*Argyreus hyperbius* Linnaeus	榆（榆树、白榆）、垂柳	枝梢部、叶部
黑条眼尺蛾（长眉眼尺蛾）	*Problepsis diazoma* Prout	女贞	枝梢部、叶部
棉蚜（花椒棉蚜、榆树棉蚜）	*Aphis gossypii* Glover	樱花	
透明疏广蜡蝉（透翅疏广翅蜡蝉、透明疏广翅蜡蝉）	*Euricania clara* Kato	女贞、樱花	叶部
茶袋蛾（茶蓑蛾、小窠蓑蛾、小袋蛾、小蓑蛾）	*Clania minuscula* Butler	石楠	枝梢部、叶部
黄杨绢野螟（黄杨野螟、黑缘透翅蛾）	*Diaphania perspectalis* Walker	雀舌黄杨、金边黄杨（金边冬青卫矛、金边大叶黄杨）	

有害生物种类	拉丁学名	主要寄主植物	危害部位
一字竹象（一字竹象甲、竹笋象）	*Otidognathus davidis* Fairmaire	孝顺竹（茶秆竹）	
桃蚜	*Myzus persicae* Sulzer	樱花、月季花	
悬铃木方翅网蝽	*Corythucha ciliata* Say	悬铃木	干部、枝梢部
绣线菊蚜（苹果黄蚜）	*Aphis citricola* van der Goot	石楠	干部、枝梢部、叶部
三角尺蛾	*Trigonoptila latimarginaria* Leech	香樟	
樟翠尺蛾	*Thalassodes quadraria* Guenee	香樟	枝梢部、叶部
大叶黄杨尺蛾（丝绵木金星尺蛾）	*Abraxas anda* Bulter	冬青卫矛（丝棉木）	枝梢部、叶部
柳蓝圆叶甲（柳蓝叶甲、柳圆叶甲）	*Plagiodera versicolora* Baly	垂柳	叶部
网锦斑蛾	*Trypanophora semihyalina* Kollar	石楠、悬铃木	枝梢部、叶部
潜叶跳甲（花椒叶甲、潜跳甲）	*Podagricomela shirahatai* Chuj	香樟、女贞	叶部
白痣广翅蜡蝉	*Ricanula sublimata*	女贞、垂丝海棠	
温室粉虱（温室白粉虱、白粉虱、扶桑花粉虱）	*Trialeurodes vaporariorum* Westwood	石楠、杜鹃	枝梢部、叶部

第12章 识读园林工程图纸并施工放样

12.1 识读园林工程图纸

12.1.1 园林施工图组成

（1）封面
（2）目录
（3）说明
（4）总平面图
（5）施工放线图
（6）竖向设计施工图
（7）植物配置图
（8）照明电气图
（9）喷灌施工图
（10）给水排水施工图
（11）园林小品施工详图
（12）铺装剖切断面图

12.1.2 园林施工图所涉及的问题

（1）图框、图例、字体、标注式样等要求统一
（2）图线
（3）顺序、编号（标题栏）
（4）尺寸标注方法
（5）索引

12.1.3 施工图的设计深度应满足的要求

（1）能够根据施工图编制施工图预算
（2）能够根据施工图安排材料、设备订货及非标准材料的加工
（3）能够根据施工图进行施工和安装
（4）能够根据施工图进行工程验收

12.1.4 园林施工总平面图

（1）施工总平面图包括的内容
1）指北针（或风玫瑰图），绘图比例（比例尺），文字说明（景点、建筑物或构筑物）。

2）道路、铺装的位置、尺度，主要点的坐标、标高及定位尺寸。

3）小品的主要控制点坐标及其定位、定形尺寸。

4）地形、水体的主要控制点坐标、标高及控制尺寸。

5）植物种植区域轮廓。

6）对无法用标注尺寸准确定位的自由曲线园路、广场、水体等，应给出该部分局部放线详图，用放线网表示，并标注控制点坐标。

（2）施工总平面图

1）布局与比例

图纸应按上北下南方向绘制，根据场地形状或布局，可向左或向右偏转，但不宜超过45°。施工总平面图一般采用1∶500、1∶1000、1∶2000的比例绘制。

2）图例

在相应的制图标准中列出了建筑物、构筑物、道路、铁路以及植物等的图例。如果由于某些原因必须另行设定图例时，应该在总图上绘制专门的图例表进行说明。

3）图线

在绘制总图时应该根据具体内容采用不同的图线。

（3）单位

1）施工总平面图中的坐标、标高、距离宜以 m 为单位，并应至少取至小数点后两位，不足时以 0 补齐。详图宜以 mm 为单位，如不以 mm 为单位，应另有说明。

2）建筑物、构筑物、铁路、道路方位角（或方向角）和铁路、道路转向角的度数，宜写到′，特殊情况应另加说明。

3）道路纵坡度、场地平整坡度、排水沟沟底纵坡度宜以百分计，并应取至小数点后一位，不足时以 0 补齐。

（4）坐标网格

坐标分为测量坐标和施工坐标。

测量坐标网应画成交叉十字线，坐标代号宜用 X、Y 表示。施工坐标为相对坐标，相对零点宜通常选用已有建筑物的交叉点或道路的交叉点，为区别于绝对坐标，施工坐标用大写英文字母 A、B 表示。

施工坐标网格应以细实线绘制，一般画成 100m×100m 或者 50m×50m 的方格网，当然也可以根据需要调整，对于面积较小的场地可以采用 5m×5m 或者 10m×10m 的施工坐标网。

12.1.5 施工放线图

（1）内容

1）道路、广场铺装、园林建筑小品

2）放线网格（间距 1m、5m 或 10m 不等）

3）坐标原点、坐标轴、主要点的相对坐标

4）标高（等高线、铺装等）

（2）作用

1）指导施工现场放线

2）确定施工标高

3）测算工程量、计算施工图预算

（3）注意事项

1）坐标原点的选择：选择固定的建筑物、构筑物角点，或者道路交点、水准点等。

2）网格的间距：根据实际面积的大小及其图形的复杂程度确定。

3）不仅要对平面尺寸进行标注，同时还要对立面高程进行标注（高程、标高）。

4）写清楚各个小品或铺装所对应的详图标号。

5）对于面积较大的区域给出索引图（对应分区形式）。

12.1.6　竖向设计施工图

竖向设计是指在一块场地中进行垂直于水平方向的布置和处理，也就是地形高程设计。

（1）竖向施工图的内容

1）指北针、图例、比例尺、文字说明、图名。文字说明中应该包括标注单位、绘图比例、高程系统的名称、补充图例等。

2）现状与原地形标高、地形等高线、设计等高线的等高距离一般取 0.25 ～ 0.5m，当地形较为复杂时，需要绘制地形等高线放样网格。

3）最高点或某些特殊点的坐标及该点的标高。如道路的起点、变坡点、转折点和终点等的设计标高（道路在路面中、阴沟在沟顶和沟底），以及纵坡度、纵坡距、纵坡向、平面曲线要素、竖向曲线半径、关键点坐标；建筑物、构筑物室内外设计标高；挡土墙、护坡或土坡等构筑物的坡顶和坡脚的设计标高；水体驳岸、岸顶、岸底以及池底标高，水面最低、最高及常水位。

4）地形的汇水线和分水线，或用坡向箭头标明设计地面坡向，指明地表排水的方向、排水的坡度等。

5）绘制重点地区、坡度变化复杂地段的地形断面图，并标注标高、比例尺等。

6）当工程比较简单时，竖向设计施工平面图可与施工放线图合并。

（2）具体要求

1）计量单位。通常标高的标注单位为 m，如有特殊要求的话应该在设计说明中注明。

2）线型。竖向设计图中比较重要的就是地形等高线，设计等高线用细实线绘制，原有地形等高线用细虚线绘制，汇水线和分水线用细单点长划线绘制。

3）坐标网格及其标注。坐标网格采用细实线绘制，网格间距取决于施工的需要以及图形的复杂程度，一般采用与施工放线图相同的坐标网体系。对于局部的不规则等高线，或者单独画出施工放线图，或者在竖向设计图纸中局部缩小网格间距，提高放线精度。竖向设计图的标注方法同施工放线图，针对地形中最高点、建筑物角点或特殊点进行标注。

4）地表排水方向和排水坡度。利用箭头表示排水方向，并在箭头上标注排水坡度，道路或铺装等区域除了要标注排水方向和排水坡度外，还要标注坡长，一般排水坡度标注在坡度线的上方，坡长标注在坡度线的下方。

12.1.7　植物配置图

（1）内容与作用

1）内容：植物种类、规格、配置形式、其他特殊要求。

2）作用：苗木购买、苗木栽植、工程量计算。

（2）具体要求

1）现状植物的表示

2）图例及尺寸标注

① 行列式栽植：对于行列式的种植形式（如行道树、树阵等），可用尺寸标注出植株行距，始末树种植点与参照物的距离。

② 自然式栽植：对于自然式的种植形式（如孤植树），可用坐标标注种植点的位置，或采用三角形标注法进行标注。孤植树往往对植物的造型、规格要求较严格，应在施工图中表达清楚，除利用立面图、剖面图表示以外，还可与苗木表相结合，用文字标注。

③ 片植、丛植：施工图应绘出清晰的种植范围边界线，标明植物名称、规格、密度。对于边缘线呈规则的几何形状的片状种植，可用尺寸标注方法进行标注，为施工放线提供依据；而对边缘线呈不规则的自由线的片状种植，应绘制坐标网格，并结合文字标注。

④ 草皮种植：草皮是用打点的方法表示，应标注其草坪名、规格及种植面积。

12.2　施工放样

施工放样是在园林景观工程的实际施工过程中，将施工图上的设计内容按设计要求的一定精度，扩大到实际施工现场中，作为施工依据。园林景观工程在建后通常会发现施工结果与园林设计的图纸存在着较大偏差，其原因往往与施工过程中的施工放样有着重大关联，施工放样的工作结果直接关系到园林工程的质量与效果。放样是园林施工中非常重要的工作。

12.2.1　几种常见的园林放样方法及其优缺点

传统的园林施工放样多用方格网放样法、平板仪放样法。在放样过程中，同时再参考图纸上的现有地物进行放样，现在应用最广、最快捷、最精确的是使用全站仪放样法。

（1）方格网放样法

在图纸上以一定的尺寸画好方格网，然后在实地依相应的比例画出实地方格（通常为10m×10m），再参照现有的地物实行放线。方格网放样最大的优点是对设备没有过多的要求，能在缺乏相应设备及具备一定参照物的情况下，完成小范围的园林施工放样。然而方格网法放样本身不是一种严谨、精确的方法，而是一种粗略的估算法。它的运用一方面受到地域、地形条件的限制，另一方面又与放样人的判断力有很大的关系，因此结果存在着一定偏差。当地形较为复杂或施工地域较大时，这种方法只能作为参考，更多地要依靠参照物进行放样。对于地域范围大又缺少参照物时，用这种方法就难以进行正常工作，即便放样，偏差也很大。

（2）平板仪放样法

将平板仪安置在测站上，以描绘测站至碎部点的方向，而将经纬仪安置在测站旁边，以测定经纬仪至碎部点的距离和高差，最后用方向与距离交会的方法定出碎部点在图上的位置。在实际中，它比简单用方格网法实行放线更为准确。这种方式对于立体园林的布局放样有一定的优势。

（3）全站仪放样法

全站仪是全站型电子速测仪的简称，又被称为电子全站仪，是指由电子经纬仪、光电测距仪和电子记录器组成，可实现自动测角、自动测距、自动计算和自动记录的一种多功能、高效率的地面测量仪器。电子全站仪可进行空间数据的采集与更新，实现测绘的数字化。在使用全站仪放样的过程中，无论是方格网法，还是平板仪放样法，它们在地形塑造的放样过程中从理论上就存在着误差。因为这两种方式都是对平面数据处理，不具备立体数据处理能力。全站仪的出现基本解决了以上的问题。随着科学的发展，全站仪已被广泛用于园林景观施工工程、建筑工程和市政工程等领域。

12.2.2 园林工程施工放样的工作方法与步骤

（1）放样前的准备工作

项目放样前的准备工作应做到周全细致，否则会因为场地过大或施工地点分散，而造成窝工甚至返工。因此项目部应组织施工人员充分了解设计意图，并进行全面而详细的技术交底。每份设计图纸交到施工人员手里，都要同时进行技术交底，并邀请设计人员向施工人员详细介绍设计意图，以及施工中应特别注意的问题，使每个施工人员在施工放样前对整个园林景观设计有一个全面的了解。

（2）现场踏查

确定项目施工放样的总体区域：施工放样同地形测量一样，必须遵循"由整体到局部，先控制后局部"的原则。首先，建立施工范围内的控制测量网，通过放样前的现场踏查，充分了解放样区域的地形，考察设计图纸与现场的差异，确定放样方法。其次，开始场地清理，在施工工地范围内，凡有碍工程开展或影响工程稳定的地面物或地下物都要被清除。

（3）基准点、控制点的确定

选择定点放样的依据，确定好基准点或基准线、特征线。同时要了解测定标高的依据，因为需要把某些地物点作为控制点，所以要检查这些点在图纸上的位置与实际位置是否相符，当不相符时，需对图纸位置进行修整。若场地不具备这些条件，需要和设计单位研究，确定一些固定的地上物，作为定点放样的依据。对测定的控制点立木桩作为标记。

12.2.3 施工放样

施工放样的方法多种多样，可根据项目具体情况灵活采用。此外，放样时要考虑先后顺序，以免人为踩坏已放的样。现介绍项目放样工作过程中几种常用的放样方法。

（1）规则式绿地、连续或重复图案绿地的放样

图案简单的规则式绿地，根据设计图纸直接用皮尺测量好实际距离，并用灰线做出明显标记即可。图案整齐、样条规则的小块模纹绿地，要求图案样条准确无误，故放样时要求极为严格，可用较粗的铁丝按设计图案的式样编好图案轮廓模型，图案较大时可分为几节组装，检查无误后，在绿地上轻轻压出清楚的样条痕迹轮廓。有些绿地的图案是连续和重复布置的，为了保证图案的准确性、连续性，可用较厚的纸板或围帐布、大帆布等按设计图剪好图案模型，样条处留 5cm 的宽度，便于撒灰样，放完一段再放一段。

（2）图案复杂的模纹图案

对于项目地形较为开阔平坦、视线良好的大面积绿地，很多设计为图案复杂的模纹图案，由于面积较大，在设计图上已画好方格线，按照比例放大到地面上，对图案关键点用木桩标记，同时将模纹样用铁锹、木棍划出样痕，然后再撒上灰线。因面积较大，放样一般需较长的时间，因此放样时最好钉木桩或划出痕迹，撒灰踏实，以防突如其来的雨水将样冲刷掉。

（3）自然式配置的乔灌木的放样

自然式树木种植方式不外乎有两种情况：一种为单株的孤植树（多在设计图案上有单株的位置），另一种是群植。针对这两种情况的放样，鉴于图上只标出范围，而未确定株位的株丛、片林，其定点放样一般为直角坐标放样。这种方法适合于基线与辅助线是直角关系的场地，具体操作为在设计图上按一定比例画出方格，在现场与之对应地画出方格网，在图上量出某方格的纵、横坐标及尺寸，再按此位置用皮尺实施到现场相对应的方格内。另一种方法是：利用全站仪或经纬仪与平板仪放样。这种针对主要种植区的内角不是直角的情况，可以利用经纬仪进行此种植区边界的放样，用经纬仪放样需用皮尺、钢尺或测绳进行距离丈量。平板仪放样必须注意在放样时随时检查图板的方向，以免图板的方向发生变化，出现较大的误差。

（4）土方放样

即平整场地放样、自然地形放样和景观建筑放样。土方放样应避免产生台阶式、坟堆式地形，当图纸有改动时，应注意地形和绿化种植的关系，发现设计和现场情况脱离时应及时通知设计方解决。对于土方放样，最方便、快捷的方法莫过于用全站仪放样，首先要在地形图上找到控制点（一般为三个），然后复核控制点。

在实际施工中，施工放样是施工管理人员的基本技能之一，一份好设计需要好的施工才能被充分体现。俗话说得好："三分设计，七分施工"，这就反映了施工在园林建设过程中的地位。施工放样是园林景观从设计变成现实的第一步，而作为施工放样人员最重要的是要利用专业的施工放样技术准确放样，这样才能为优秀景观工程的实现迈出成功的第一步。

第 13 章　园林树木整形与修剪

园林树木整形与修剪考核项目及评分标准见表 13-1。

园林树木整形与修剪考核项目及评分标准　　表 13-1

序号	测定项目	评分标准	满分	得分
1	树姿	树形美观，通风透光，树冠圆整，分枝均衡；乔木类主干高度要符合绿地要求，灌木类主枝数量及分布与树种特性相适应	25	
2	疏枝、留枝、截枝	根据树种特性及树姿确定修剪量，乔木类主要疏去长枝、交叉枝、并生枝及病虫枝、枯枝，灌木类要以枝叶繁茂、分布均匀为度	20	
3	剪口	剪口要靠节，背着剪口芽呈 45° 斜剪，剪口平整；粗大截口用分段截枝法，并涂抹防腐剂	15	
4	修剪程序	一般情况下遵循"先上后下、先内后外、去弱留强、去老留新"原则	20	
5	文明操作与安全	工完场清，严格执行安全操作规范	10	
6	工效	根据树木种类及规格不同，分别制定，超时扣分	10	

第14章 园林树木移植

园林树木移植考核项目及评分标准见表14-1。

园林树木移植考核项目及评分标准 表14-1

序号	测定项目	评分标准	满分	得分
1	移植前修剪	不损坏原有的树形，强度适应树种特性及移植要求，不伤及留芽	15	
2	挖掘、绑扎	土球规格符合标准，小型树用一道草绳绑扎成"西瓜皮"式，大中型树用草绳绑扎成"网络式"。绑扎牢固，动作熟练，外形美观	25	
3	运输	随挖随运，运输安全，不伤土球和树木	10	
4	种植	种植穴的形状、直径、深度符合树种要求，填土、夯土动作正确，浇水、覆土规范	30	
5	文明操作与安全	工完场清，不损伤土球及树皮、树冠，严格执行安全操作规范	10	
6	工效	根据树木大小分别制定，超时扣分	10	

注：一般乔木土球直径为胸径的8~10倍，灌木的土球直径为其冠径的1/3。

第15章 常见园林机械使用、维护与保养

15.1 喷雾器

背负式手动喷雾器在园林绿化工作中拥有量大，应用广泛，且只需一人操作，具有价格低廉、使用方便的特点，可应用于花卉、苗木等小面积病虫害的防治，以及公共场所的环境清洁，是园林绿化工作的得力助手。

（1）背负式手动喷雾器的组成（图15-1-1）

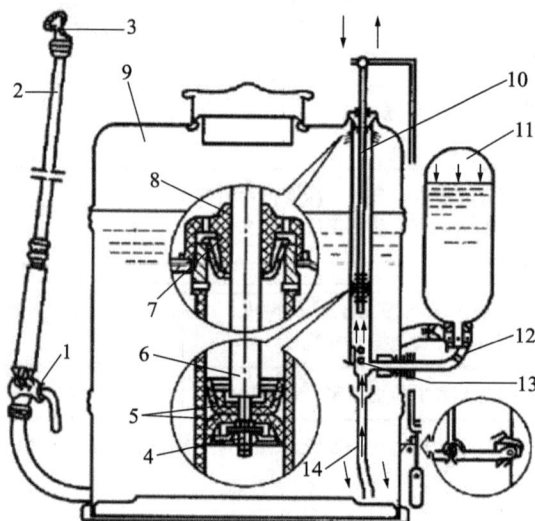

图15-1-1 背负式手动喷雾器的组成

1—开关；2—喷杆；3—喷头；4—固定螺母；5—皮碗；6—活塞杆；7—毡圈；8—泵盖；
9—药液箱；10—唧筒；11—空气室；12—出液阀；13—进液阀；14—吸液管

（2）使用注意事项

使用背负式手动喷雾器之前，应仔细阅读并理解使用说明书，在此基础上正确使用。为了轻松方便地作业，请一定严格遵守以下注意事项：

1）操作者应穿好工作服、戴口罩，做好安全防护。

2）使用前应检查手动喷雾器各连接是否紧固，有无松动现象。

3）先装清水试喷，检查是否漏水、漏气，并按要求调节好喷雾状态。

4）操作喷雾时应注意风向的变化，不得站在下风口操作。

5）加药时注意防止药液飞溅，造成伤害。

（3）背负式手动喷雾器的操作

1）使用前要先加少量的清水上下摇压几次，感觉压力是否正常，各连接部位是否

漏水。

2）正式使用时，要先加药剂、后加水，药液的液面不能超过安全水位线。喷药前，先扳动摇杆十余次，使桶内气压上升到工作压力。扳动摇杆时不能过分用力，以免气室爆炸。

3）兑完药液后一定要搅拌均匀，防止上下药液浓度不均。

4）所加稀释液一定要清洁，防止喷雾过程中阻塞开关或喷嘴，有时还会影响药效。

5）工作完毕，应及时倒出桶内残留的药液，并用清水洗净倒干，同时检查气室内有无积水，如有，要拆下水接头放出。

6）人员在喷洒剧毒农药时应穿长袖衣裤、戴口罩，做好身体防护，禁止吸烟和饮食，以防中毒。

（4）背负式手动喷雾器的维护及保养

1）每次使用完毕后要用清水洗刷药箱，必要时可用洗衣粉、清洁剂清洗。

2）在唧筒顶部的皮垫处，要经常滴加润滑油。

3）若短期内不使用喷雾器，应将主要零部件清洗干净，擦干装好，置于阴凉干燥处存放。

4）禁止放置在阳光下暴晒喷雾器。若长期不使用喷雾器，则要将喷雾器各个金属零部件涂上黄油，防止生锈。

15.2　油锯

（1）油锯的组成（图 15-2-1）

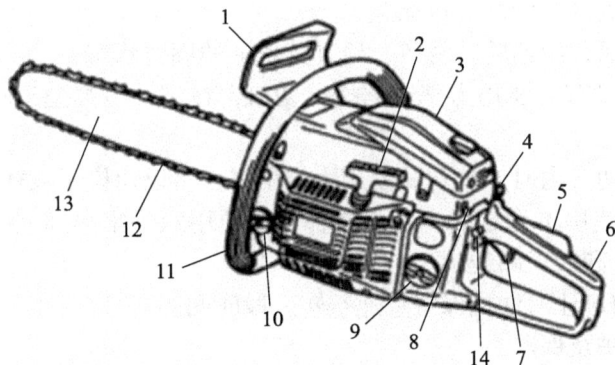

图 15-2-1　油锯的组成

1—前挡板；2—启动器拉绳；3—空气滤清器；4—闸门调节器；

5—油门联动装置；6—右手柄；7—节流杆；8—汽油机开关；9—燃料箱；

10—机油箱；11—左手柄；12—锯链；13—导板；14—油门锁定按钮

（2）使用注意事项

1）操作人员若疲倦、生病，或受酒精、麻醉药物影响时，不要操作油锯。

2）操作人员穿安全鞋、合身的工作服，并佩戴相应的防护装备以保护头部、眼睛和听力。

3）谨慎处理燃料，擦掉溢出在机器上的燃料。操作人员应至少离开加油处 3m，再启动汽油机。

4）启动汽油机，不允许任何人接近油锯，以确保旁观者和动物远离工作区域；当操作油锯时，儿童和旁观者必须保持至少 10m 的距离。

5）当有了确定的工作区域，并能够确保树枝掉落时的撤退路线时，才能开始切割。

6）汽油机运转后，要双手牢牢抓住油锯，用大拇指和手指环绕把手，将其紧紧抓住。

7）汽油机运转以后，严禁接触链条。启动汽油机前，确认链条没有接触任何物品。

8）搬运油锯时，务必关闭汽油机，将链条和导板部分放在后侧，将消声器部分靠近身体一侧。

9）检查油锯是否有破损、松懈和损坏。严禁使用损坏的、没有调节好的，或者没有完全装配好的汽油机。使用油门控制装置时，检查链条是否停止转动。

10）用双手牢牢握住油锯，请勿切割过远的目标物。切割时让汽油机处于高速运转状态，请勿切割高于肩部的目标物。

（3）油锯的操作

1）分别加装燃料箱和链条油箱，拧紧盖子。

2）将开关拨至"Ⅰ"的位置。

3）握住油门联动装置一起拉节流杆，按下侧面的油门锁定按钮，然后释放节流杆，使其处于启动位置。

4）确保锯链机组安全放置在地面上时，用力拉启动绳（冷机启动时，关闭风门，多次用力拉启动绳）。

5）渐渐推下节流杆，使汽油机加温。

6）启动汽油机后，中速转动链条，检查链条油的润滑状态。

7）正常工作中没有必要用力把链锯按入切口，在汽油机高速运转时，只要轻轻加力就行。

8）链锯被夹在切口内时，请勿试图用力拉出来，可以用楔子或杠杆使其退出。

9）切割时不要使用不稳定的立足点或梯子，要用双手牢牢握住链锯，时刻注意工作环境，安排好落脚点和撤退路线。

10）关闭设备前应让汽油机保持怠速空转一段时间。

（4）油锯的维护及保养

在清洁、检查及维修机组之前，应确认汽油机已经停止运行，并已冷却。拔掉火花塞以防止事故发生。定期维护和保养要点如下。

1）空气滤清器。滤清器表面的灰尘可以通过在坚硬面上拍打滤清器的一角除去。清除网眼中的污垢时，将滤清器一分为二，在汽油中刷洗。使用压缩空气时，由内向外吹。安装主滤清器时，确认滤清器周边的槽与缸盖上的凸起部位正好吻合。

2）汽缸散热片。阻塞在汽缸散热片之间的灰尘会导致汽油机过热。卸下空气滤清器和缸盖，定期检查并清洁汽缸散热片。安装缸盖时，确保开关线路和垫圈位置正确。

3）燃料滤清器。拆卸滤清器，用汽油清洗，如有必要，更换一个新的滤清器。取下滤清器后，用夹子夹住吸管的末端。拆卸滤清器时，注意不要让滤清器纤维或灰尘进入吸管。

4）导板。卸下导板，清除导板槽和加油口内的锯屑。从位于导板顶部的加注口加入润滑脂，润滑链轮的刀刃。板轨应保持方形，定期检查板轨的磨损情况。将尺平放于板和刀具的外侧，如果中间有缝隙，说明板轨正常，否则表明板轨有磨损。修整好有磨损的板，或将其更换。

5）链轮。检查是否有妨碍链条驱动的裂纹和是否过度磨损。如果磨损明显，要更换一个新的链轮。不要用新链条配磨损的链轮，或者用磨损的链条配新链轮。

6）锯链。保持刀具锋利对于顺利作业是极其重要的，务必按说明书要求定期检查并正确安装锯链。

7）存放时应清空油箱并运行汽油机使燃料全部耗尽，清空机油箱，存放在干燥、儿童无法触及的地方。

15.3　绿篱机

绿篱机是利用汽油机的转动，通过偏心连杆机构转化为往复运动，连杆带动上下两刀片相对运动。上下两刀片有锋利的刀口，其刀口会像剪刀一样剪断枝条，适合在人工建植的绿篱墙、绿篱球等易连生枝条的地方使用。

绿篱机的刀有单刃和双刃之分，单刃绿篱机主要用于绿篱墙，工作时刀是一直向前的，是单方向运动。双刃绿篱机的刀可前后双向运动。

（1）绿篱机的组成

绿篱机一般由二冲程或四冲程汽油机、传动机构、工作刀具等组成，绿篱机的组成见图 15-3-1。

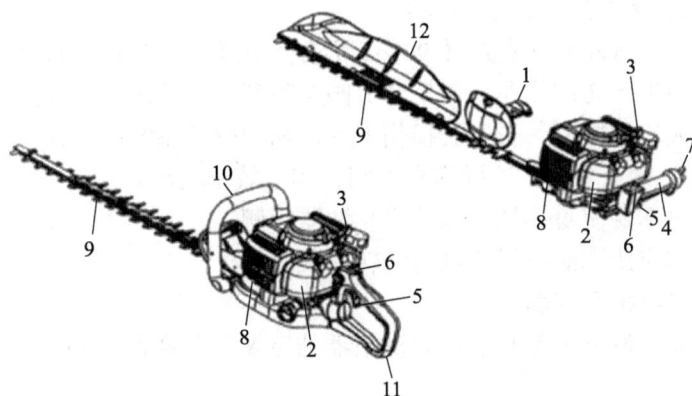

图 15-3-1　绿篱机的组成

1—右操作把手；2—燃料箱；3—启动器；4—左操作把手；

5—节流杆；6—汽油机开关；7—节流阀电缆；8—消声器；9—刀片；

10—前操作把手；11—后操作把手；12—挡板

（2）使用注意事项

1）操作人员若疲倦、生病，或受酒精、麻醉药物影响时，不要操作绿篱机。

2）操作人员穿安全鞋、合身的工作服，并佩戴相应的防护装备以保护头部、眼睛和耳朵。

3）谨慎处理燃料，擦掉溢出在机器上的燃料，并至少离开加油处3m，再启动汽油机。

4）操作人员开始作业之前，要认真检查机体各部件，在确认没有螺钉松动、漏油、损伤或变形等情况后方可开始作业。特别是对刀片以及刀片连接部位更要仔细检查，不可使用异常刀片。

5）启动汽油机时，将机体放在地上按住，勿使加油柄碰到地面或周围的障碍物。

6）作业时，视线一定要盯住刀片。需要将视线离开刀片时，要先将加油柄扳回到"启动速度"位置。

7）使用金属制刀片时，务必在刀片上安装附带的刀片护罩或其他适当的防护罩具。

8）以作业者为中心，半径15m以内为危险区域，为防他人进入该区域，要用绳索将区域围起来，或立木牌以示警告。另外，当几个人同时作业时，要不时地互相打招呼，并保持适当间隔。

9）需要去除缠绕在刀片上的枝，或对刀片、机体进行检查、加油时，要先将汽油机关闭，让刀片完全停止转动后再进行上述作业。

10）当刀片碰到石块等坚硬物时，要立即将汽油机关闭，检查刀片是否受损，发现有异常时，要中止作业，换上正常的刀片。

（3）绿篱机的操作

1）在即将启动汽油机时，清除刀片附近的所有物品。

2）二冲程汽油机应加注规定牌号的无铅汽油及机油。

3）将开关拨至"Ⅰ"的位置。确保机械安全放置在地面上时，用力拉启动绳（冷机启动时，关闭风门，多次用力拉启动绳）。

4）操作把手可以从左或从右旋转90°，以减轻切割时操作人员的疲劳。

5）为了顺利地进行切割作业，需把节流阀调整到适当程度，不要用过快的速度。

6）避免切割太粗的树枝，否则会损伤刀片，缩短驱动系统的寿命。

7）切割角度为5°~10°，这样容易切割，作业效率较高。

8）切割作业时不要使身体处于绿篱机化油器一侧。

9）关闭设备前应让汽油机保持怠速空转一段时间。

（4）绿篱机的维护及保养

1）空气滤清器、汽缸散热片、燃料滤清器的定期维护和保养同15.2节（4）中1）~3）内容。

2）有积炭的火花塞经常会引起启动故障和点火不畅。需定期清理火花塞，按要求更换新品。

3）检查刀片和固定件有无松动、裂口及弯曲。检查切口，切口不好要用斜面扁锉修正。

4）安装叶片时，请确认已固定住隔片、垫圈和螺栓，然后再紧固螺母。

5）变形或损坏的防震系统会引起汽油机、刀片脱离，以及机械性能减弱。定期检查橡皮垫、弹簧有无变形或损坏。

15.4　草坪机

（1）草坪机的组成

草坪机全称为草坪割草机，由刀盘、汽油机、行走轮、行走机构、刀片、扶手和控制部分组成。刀盘装在行走轮上，刀盘上装有汽油机，汽油机的输出轴上装有刀片，刀片利用汽油机的高速旋转对草坪进行修剪，草坪机的组成见图 15-4-1。

图 15-4-1　草坪机的组成

（2）使用注意事项

1）使用草坪机前，清理场地，清除石块、树枝等各种杂物，在喷头和障碍物上做记号。

2）穿厚底鞋、长裤，主要是防止刀片打到石块飞溅伤人，并佩戴相应的防护装备以保护头部、眼睛和耳朵。

3）斜坡角度超过 15° 时，不能剪草，以防伤人和损坏机械。下雨和灌溉后不能立即剪草，以防人员滑倒和机械工作不畅。

4）草坪机作业时，10m 范围内不可有人，特别是草坪机的侧排口不可对人，以防伤人。

5）调整机械和倒草时一定要停机，绝对不允许在机械运转时调整机械和倒草。

6）草坪机的安全手柄是控制飞轮制动装置和点火线圈的停火开关。按住安全控制手柄，则释放飞轮制动装置，断开停火开关，汽油机可以启动和运行；反之，放开安全控制手柄，则飞轮被刹住，接上点火线圈的停火开关，汽油机停机并被刹住。即只有按住安全控制手柄，机械才能正常运行，当运行中遇到紧急情况时，放开安全控制手柄则停机。所以运行时千万不可以用线捆住安全控制手柄。

（3）草坪机的操作

1）在即将启动汽油机时，清除刀片附近的所有物品。

2）四冲程汽油机应加注规定牌号的无铅汽油及机油。

3）将开关拨至"Ⅰ"的位置。确保作业环境安全时，一手按住安全控制手柄，另一手用力拉启动绳（冷机启动时，关闭风门，多次用力拉启动绳）。

4）为了顺利地进行草坪修剪作业，在剪草时应尽量处于满油状态，即高速状态，这样可获得最佳剪草效果。

5）根据草坪的要求确定剪草后的留茬高度，南方的暖季型草坪留茬高度为 30mm，北方的冷季型草坪留茬高度为 50mm，剪草时减去的高度为草原来高度的 1/3。

6）草坪修剪作业时按设计作业路线行进，切勿倒退、偏离，双手不要离开机器。

7）剪草时只能沿斜坡横向修剪，不能顺坡上下修剪，在坡上拐弯时，要特别小心，注意洞穴、沟槽、土堆等草丛中的障碍物。

（4）草坪机的维护及保养

1）定期维护和保养要点同 15.3 节（4）中 1）、2）的内容。

2）检查刀片。草坪机刀片要经常研磨以保持锋利，修剪出的草坪才能平齐好看，剪过的草伤口小，草坪不容易得病；反之，不但对修剪的草坪不好，而且会使草坪机传动轴的阻力加大，增大草坪机的负荷，降低工作效率，使运转温度升高，影响机械使用寿命。

3）机壳内部必须在每次使用完毕后进行清理，防止修剪下的碎草、树叶、污泥或其他东西附着其上，而产生锈蚀。这些物质的附着，会影响出（排）草通道的通畅，增加堵塞的可能性。出（排）草不通畅将影响剪草机的修剪效果。

15.5　割灌机

（1）割灌机的组成

割灌机由二冲程或四冲程汽油机、传动机构、工作头等部分组成，割灌机的组成见图 15-5-1。它适用于小型的庭院草坪养护，树下或墙角下的草坪杂草修剪，公路、铁路旁的杂草修剪，以及树林中的小灌木修剪等。

割灌机的规格有肩挎式和背负式，根据不同的使用场所，使用不同的刀具、尼龙绳、双刃多刀片、圆锯片等。

（2）使用注意事项

使用之前，应仔细阅读并理解使用说明书，在此基础上正确使用割灌机。为了轻松方便地作业，一定要严格遵守以下注意事项：

1）操作人员不要穿裤脚宽大的裤子或赤脚，不要穿凉鞋、拖鞋等作业。

2）以作业者为中心，15m 范围内为危险区域，可用绳索围圈起来防止他人进入，或立木牌以示警告。

3）开始作业之前，要认真检查机体各部件，在确认没有螺钉松动、漏油、损伤或变形等异常情况后方可开机，特别要对刀片及刀片连接部位检查。

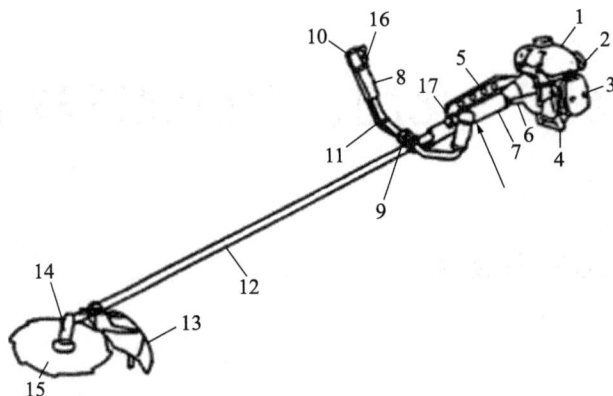

图 15-5-1　割灌机的组成

1—燃料箱；2—启动器；3—空气滤清器；4—脚架；5—吊钩；6—保护罩；7—护套；

8—手柄；9—手柄托架；10—加油柄；11—加油钢丝；12—外管；13—安全挡板；

14—齿轮箱；15—刀片（工作部）；16—启动开关；17—蝶形螺母

4）启动汽油机时，将机体放在地上按住，勿使加油柄碰到地面或周围的障碍物。

5）作业时，视线一定要放在刀片上。需要将视线离开刀片时，要先将加油柄扳回到"启动速度"位置。

6）发动机排出的气体含有对人体有害的一氧化碳。因此，不要在室内、温室内或隧道内等通风不好的地方使用割灌机。

7）使用尼龙绳时，应控制其长度在核实范围内。使用刀片时，应保证刀片安装平衡。

（3）割灌机的操作

1）在启动机器之前，检查所有的机构是否有松动或漏油现象，确认割灌机的刀片或尼龙绳安装准确。

2）开始作业之前，操作人员调节肩带的长度。使切割面与地面平行，将多余的肩带折回扣环处。

3）操作人员要根据切割草的阻力大小，随时调节汽油机的转速。

4）使用尼龙绳切割时，因为阻力较大，完成一段切割后，应等转速提高后再次切割。

5）关闭设备前，应让汽油机保持息速空转一段时间。

（4）割灌机的维护及保养

1）定期维护和保养要点同 15.3 节 1）、2）的内容。

2）长时间存放时，应彻底清洁机体，同时检查各部位有无损伤和松动，发现有异常，应及时维修调整，以备下次使用。

第16章 化肥、农药配置与使用

16.1 常见化肥配置与使用

16.1.1 概论

肥料根据不同的分类标准可以划分成不同种类，按肥料来源与组分的主要性质可分为化学肥料、有机肥料、生物肥料和绿肥。按所含营养元素成分，可分为氮肥、磷肥、钾肥、镁肥、硼肥、锌肥和钼肥。按营养成分种类多少，可分为单质肥料、复合肥料和复混肥料。按肥料中养分的形态或溶解性，可分为氨态氮肥、硝态氮肥、酰胺态氮肥等，或水溶性肥料、弱酸溶性肥料和难溶性肥料。按积攒方法分，则有堆肥、沤肥和沼气肥等。

常见的单质肥料有氮肥、磷肥和钾肥。

16.1.2 单质肥料

（1）氮肥

氮肥是农业生产中需量最大的化肥品种，它对提高作物产量，改善农产品品质有重要的作用。现代氮肥工业生产所用的原料主要是合成氨。根据含氮基团，可将化学氮肥分为铵态氮肥、硝态氮肥、酰胺态氮肥和氰氨态氮肥四类。

1）铵态氮肥

凡氮肥中的氮素以 NH_4^+ 或 NH_3 形态存在的均属铵态氮肥。其共性为易溶于水，肥效快，作物能直接吸收利用。在通气良好的土壤中，铵态氮可经硝化作用转化为硝态氮，易造成氮素的淋失和流失。常见的铵态氮肥有碳酸氢铵、硫酸铵、氯化铵、液氨。

2）硝态氮肥

凡肥料中的氮素以硝酸根形态存在的均属于硝态氮肥。其共性为易溶于水、溶解度大，为速效性氮肥；吸湿性强，易结块；受热易分解，放出氧气，易燃易爆，贮、运中应注意安全；NO_3^- 不能被土壤胶体吸附，易随水流失，水田一般不宜施用；硝酸根可通过反硝化作用还原为多种气体（NO、NO_2、N_2 等），引起氮素气态损失。常见的硝态氮有硝酸铵、硝酸钠、硝酸钙。

硝酸铵为白色结晶，含杂质时呈淡黄色；易溶于水，溶解度大；吸湿性强，易结块；热稳定性差，易发生分解；含氮量 ≤ 35%。施用时应注意硝酸铵是无副成分的氮肥，宜作追肥，一般不作为基肥，且不能作种肥；旱地作追肥应分次深施覆土，使用深度为 10cm 左右。

3）酰胺态氮肥——尿素

尿素具有含氮量高、物理性状较好和无副成分等优点，是世界上施用量最多的氮肥品种，尿素见图 16-1-1。尿素为白色晶体或颗粒，晶体呈针状或棱柱状；尿素易溶于水；常温下基本不分解，但遇高温、潮湿气候，有一定的吸湿性；适宜于各种土壤和作物，可作为基肥与追肥；施用时应适当深施，或施用后立即灌水。

图 16-1-1　尿素

由于氮肥在土壤中有氨的挥发、硝态氮的淋失和硝态氮的反硝化作用，因此氮肥的利用率不高。据统计，我国氮肥利用率在水田为 35%～60%，在旱田为 45%～47%，平均为 50%，约有一半损失掉，既浪费了资源，又污染了环境。所以合理施用氮肥、提高其利用率，是生产上亟待解决的一个问题。氮肥的合理分配应根据土壤条件、作物的氮素营养特点和肥料本身的特性进行。

土壤条件是进行肥料区划和分配的必要前提，也是确定氮肥品种及其施用技术的依据。必须将氮肥重点分配在中、低等肥力的地区，碱性土壤可选用酸性或生理酸性肥料；酸性土壤上应选用碱性或生理碱性肥料。盐碱土不宜分配氯化铵，尿素适宜于一切土壤。铵态氮肥宜分配在水稻种植区，并深施在还原层，硝态氮肥宜施在旱地上，不宜分配在雨量偏多的地区或水稻种植区。早发田要掌握前轻后重、少量多次的原则，以防作物后期脱肥；晚发田既要注意前期提早发苗，又要防止后期氮肥过多造成的植株贪青倒伏。在质地黏重的土壤上氮肥可一次多施，沙质土壤上宜少量多次施肥。

作物的氮素营养特点是决定氮肥合理分配的内在因素。首选，要考虑作物的种类，应将氮肥重点分配在经济作物和粮食作物上。其次，要考虑不同作物对氮素形态的要求，水稻宜施用铵态氮肥，尤以氯化铵和氨水效果较好；马铃薯最好施用硫铵；甜菜施用硝酸钠；西红柿幼苗期施用铵态氮，结果期则施用硝态氮；一般禾谷类作物施用硝态氮和铵态氮均可；叶菜类多施用硝态氮等。

肥料本身的特性也和氮肥的合理分配密切相关，铵态氮肥表施易挥发，宜作为基肥深施覆土。硝态氮肥移动性强，不宜作为基肥，更不宜施在水田。碳铵、氨水、尿素、硝铵一般不宜用作种肥，氯化铵不宜施在盐碱土和低洼地，也不宜施在棉花、烟草、甘蔗、马铃薯、葡萄、甜菜等作物上。

（2）磷肥

根据溶解度的大小和作物吸收的难易，通常将磷肥划分为水溶性磷肥、弱酸溶性磷肥和难溶性磷肥三大类。凡能溶于水（指其中含磷成分）的磷肥，称为水溶性磷肥，如过磷酸钙、重过磷酸钙；凡能溶于 2% 柠檬酸、中性柠檬酸铵或微碱性柠檬酸铵的磷肥，称为弱酸溶性磷肥，如钙镁磷肥、钢渣磷肥、偏磷酸钙等；既不溶于水，也不溶于弱酸，而只能溶于强酸的磷肥，称为难溶性磷肥，如磷矿粉、骨粉等。

磷肥是所有化学肥料中利用率最低的，当季作物一般只能利用 10%～25%，其原因主要是磷在土壤中易被固定。因此，尽量减少磷的固定，防止磷的退化，增加磷与根系的接触面积，提高磷肥利用率，是合理施用磷肥、充分发挥磷肥最大效益的关键。磷肥合理分配和施用参照表见表 16-1-1。

磷肥合理分配和施用参照表　　　　　　　　表 16-1-1

名称	适宜土壤	施用	注意事项
水溶性磷肥	中性和石灰性土壤	可作为基肥、追肥和种肥	磷肥深施，并集中施用
弱酸性磷肥	酸性土壤	作为基肥	
难溶性磷肥	酸性土壤	作为基肥	

作物种类不同，对磷的吸收能力和吸收数量也不同。同一土壤，凡对磷反应敏感的喜磷作物，如豆科作物、甘蔗、甜菜、油菜、萝卜、荞麦、玉米、番茄、甘薯、马铃薯和果树等，应优先分配磷肥。其中，豆科作物、油菜、荞麦和果树，吸磷能力强，可施一些难溶性磷肥；而薯类虽对磷反应敏感，但吸收能力差，以施水溶性磷为好。某些对磷反应较差的作物如冬小麦等，由于冬季土温低、供磷能力差，分蘖阶段又需要较多磷，所以也要施磷肥。

氮磷配合使用能显著提高作物产量和磷肥的利用率，我国大多数土壤都缺氮素，所以单施磷肥不会获得较高的肥效，只有当氮磷营养保持一定的平衡关系时，作物才能高产。与有机肥料配合施用时，有机肥本身或在分解过程中产生多种有机酸，能防止铁、铝、钙对磷的固定，同时，这些有机酸也有利于弱酸溶性磷肥和难溶性磷肥的溶解。

（3）钾肥

钾肥现在已经成为限制作物生长的主要因子，补充钾肥成了当前提高肥料利用率的主要任务。常见的钾肥有氯化钾、硫酸钾和草木灰三种。

氯化钾是易溶于水的速效性钾肥，含氧化钾约 60%，呈白色、淡黄色或紫红色结晶。物理性状好，可作为基肥和追肥使用。在酸性土壤上施用氯化钾（图 16-1-2）应配合石灰和有机肥料使用。

硫酸钾：白色结晶，溶于水，含氧化钾 50%～52%。除可作为基肥和追肥外，也可作为根外追肥使用，根外追肥浓度以 0.2% 为宜。硫酸钾见图 16-1-3。

草木灰：我国农村常用的以含钾为主的农家肥料，是农作物秸秆、枯枝落叶、青山野草和谷壳等植物残体燃烧后的残灰。属碱性肥料，水溶液呈碱性，不宜与铵态氮肥、腐熟的有机肥和水溶性磷肥混用。草木灰适合作为基肥、追肥和盖种肥，作为基肥时，可沟施或穴施，深度约 10cm，施后覆土。

钾肥应深施、集中施：钾在土壤中易于被黏土矿物固定，将钾肥深施可减少因表层土壤频繁干湿交替所引起的晶格固定，提高钾肥的利用率。

图 16-1-2　氯化钾

图 16-1-3　硫酸钾

16.1.3　复混肥料

氮、磷、钾三种养分中，至少有两种养分标明量的，由化学方法和（或）掺混方法制成的肥料，叫作复混肥料。氮、磷、钾三种养分中，至少有两种养分标明量的，仅由化学方法制成的肥料，叫作复合肥料，是复混肥料的一种。

将复混肥料中总氮、有效五氧化二磷和氧化钾含量之和称为化肥的总养分，以质量分数计。在肥料或土壤调理剂标签、质量证明书上标明的元素（或氧化物）含量，被称为标明量。

标识是用于识别肥料产品及其质量、数量、特征、特性和使用方法所作的各种表示的统称，可用文字、符号、图案及其他说明物等表示。

标签是供识别肥料和了解其主要性能而附以必要资料的纸片、塑料片或包装袋等容器的印刷部分。

一般用 $N-P_2O_5-K_2O$ 的百分含量表示肥料的养分含量。例如：通用肥 10-10-5 表示含 10% 的 N、10% 的 P_2O_5、5% 的 K_2O，总养分 ≥ 25%。复合肥料标识见图 16-1-4。

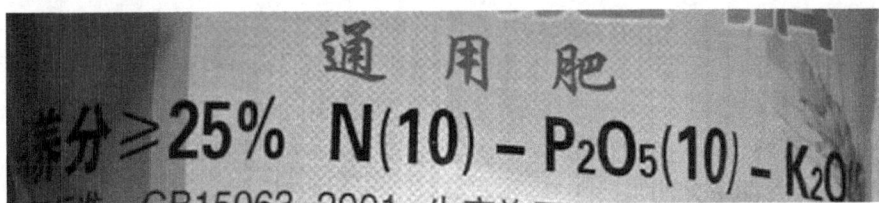

图 16-1-4　复合肥料标识

二元复合肥料，以 0 表示所缺的一种养分元素。例如：18-46-0，是氮磷二元复混肥料；某 15-0-10 复合肥是氮钾二元复混肥料。某二元复合肥料标识见图 16-1-5。

图 16-1-5　某二元复合肥料标识

16.2　常见农药配置与使用

（1）农药的配制

商品农药制剂，一般浓度都比较高，如按常规的施药方法，在使用前一定要进行稀释，也就是使用农药制剂时，要根据农药品种、防治对象和作物种类的不同，以及施药时气温的高低，在药剂中加入不同的水量或其他稀释剂，进行稀释以降低药剂的浓度。农药稀释配制时要严格掌握好农药稀释的浓度。

（2）农药制剂常见含量的表示方法

重量百分比含量：制剂中有效成分的重量占总重量的百分比。如：一袋 100g 的 10% 吡嘧磺隆可湿性粉剂，表示含有 $100 \times 10\% = 10$（g）的吡嘧磺隆除草剂有效成分，其余的 90g 为农药助剂和填料；97% 乙草胺原药表示含有 97% 乙草胺有效成分，其余为杂质等成分。

容量百分比浓度：制剂中有效成分的体积占总体积的百分比（不常见）。重量体积比含量：制剂中有效成分的重量与制剂的总体积比。如：480g/L 异噁草松乳油，表示每升制剂中含有异噁草松有效成分 480g。

特殊表示方法——活性单位为 g 或活性单位为 mL。对于生物菌剂等采用单位重量或单位体积所含有的活性单位的数目来表示含量。如：80 亿/g 白僵菌粉剂表示每克制剂中含有 80 亿个白僵菌孢子，100 亿/mL 白僵菌油悬浮剂表示每毫升制剂中含有 100 亿个白僵菌孢子。

（3）农药浓度的表示方法及换算

1）农药有效成分用量表示方法

国际上普遍采用单位面积有效成分用药量。

换算公式为：制剂用量 = 有效成分用量 ÷ 制剂含量。

换算例子：用氰戊菊酯防治棉花害虫时有效成分用量为 80～160g，表示防治每公顷棉花田害虫需要使用有效成分 80～160g 氰戊菊酯，如使用 20% 含量的氰戊菊酯乳油则需要 400～800g，使用 25% 含量的氰戊菊酯乳油则需要 320～640g。

2）农药商品用量表示方法

该表示法比较直观易懂，但必须带有制剂浓度，一般表示为 g（mL）/hm² 或 g（mL）/亩，是现行标签上的主要表示方法。

换算公式为：有效成分用量 = 制剂用量 × 制剂含量。

换算例子：防治大豆禾本科杂草需用 20% 烯禾啶乳油 1000～1500mL/hm² 或 67～100mL/亩，则防治每公顷大豆禾本科杂草需要烯禾啶有效成分每公顷为 200～300g 或每亩为 13～20g。

3）农药浓度的表示方法及换算

① 百分浓度表示法：同制剂的重量百分比与容量百分比。百分浓度即一百份药液（或药粉）中含有有效成分的份数，符号为"%"。如 38% 莠去津表示 100 份这种悬浮剂中含有 38 份莠去津的有效成分。固体间或固体与液体间配药常用重量百分浓度；液体间的配药常用容量百分浓度。

② 百万分浓度表示法：即一百万份药液（或药粉）中含农药有效成分的份数，以前常用表示喷洒浓度的方法，现根据国际规定百万分浓度已不再使用 ppm 表示，而统一用微克/毫升、毫克/升或克/立方米来表示，即 $\mu g/mL$、mg/L、g/m^3。

③ 倍数表示法：即量取一定质量或一定体积的制剂，按同样的质量或体积单位（如 g、kg、mL、L 等）的倍数计算加水或其他稀释剂的量，然后配制成稀释的药液或药粉，加水量或其他稀释剂的量相当于制剂用量的倍数。倍数表示法在实际应用中最方便用户使用，一般杀菌剂如此标注。例如：配制 50% 多菌灵可湿性粉剂 800 倍，即 1kg50% 多菌灵制剂加水 800kg（严格应加 799kg 水），即可得 800 倍药液。

（4）农药的配制方法

1）准确计算药液用量和制剂用量

配置一定浓度的药液，应首先按所需药液用量计算出制剂用量及水（或其他稀释液）的用量，然后进行正确配制。计算时，注意所用单位要统一，并注意内比法和外比法的应用（稀释倍数小于 100 倍的要计算制剂用量）。

2）采用母液配制

液体（如乳油、水剂等）农药制剂采用母液配制，能够提高有效成分的分散性和悬浮性，配制出高质量的药液。母液是先按所需药液浓度和药液用量计算出的所需制剂用量，加到容器中（事先加入少量水或稀释液），然后混匀，配制成高浓度母液，然后将它带到施药地点后，再分次加入稀释剂，配制成使用形态的药液。

3）选用优良稀释剂

乳油、水剂、可湿性粉剂等农药商品，选用优良稀释剂配制稀释液，能够有效提高其乳化和湿展性能，减少乳化剂和湿展剂在施用过程中的分解量，提高药液的质量。

4）改善和提高药剂质量

在药液配制过程中，可以采用物理或化学手段，改善和提高制剂的质量，配制出高质量的药液。如乳油农药在贮存过程中，若发生沉淀、结晶或结絮时，可以先将其放入温水中溶化，并不断振摇；配制时，加入一定量的湿展剂，如中性洗衣粉等，可以增加药液的湿展和乳化性能。

（5）常见的施药方法

1）喷雾法

液态的农药制剂（超低容量喷雾剂除外），如乳油、可湿性粉剂、可溶性粉剂均需加水调制成乳液、溶液、悬浮液后才能供喷洒使用，将这种施药方法称为喷雾法。使用喷雾法时应注意以下几点：① 喷雾器的选择，要性能良好，保证喷雾质量；② 植物表面有较厚蜡质层，不利于液体施展，可加渗透剂等助剂；③ 注意使用水的水质，应选清水（井水或河水）；④ 注意避免环境污染。

2）喷粉法

是利用喷粉机具或撒粉机具喷粉或撒粉，气流把农药粉剂吹散后沉积到作物上的施药方法。使用喷粉法时，应选择质量好的喷粉药械，注意环境的影响，大风天不适合喷药，粉剂不能受潮。现在主要是在棚室内使用。

3）撒施法

是抛施或撒施颗粒状农药的施药方法，主要用于土壤处理、水田施药或用作物新叶施药。撒施时应注意混拌质量,农药和化肥混拌不可堆放过久。

4)泼浇法

将一定浓度的药液均匀泼浇到作物上,药液多沉落在作物下部,这是南方防治水稻害虫的一种施药方法。泼浇法应注意药剂的安全性和扩散性,药剂安全性不好时,不宜用泼浇法施药。水层深浅也是影响杀虫效果的重要因素。

5)灌根法

是将一定浓度的药液灌入植物根区的一种施药方法,主要用于防治作物根部病虫害,如地下害虫、瓜类枯萎病等。

6)拌种法

将药粉或药液与种子按一定比例均匀混合的方法称为拌种法。拌种法可以有效防治地下虫害和通过种子传播的病害。

7)种苗浸渍法

用一定浓度的药剂浸渍种子或苗木,是防治某些种传病害及使用植物生长调节剂时常用的用药方法。浸渍时应当注意温度、药液浓度、处理时间三者之间是相互关联的。其次,刚萌动的种子或幼苗对药剂一般都很敏感,尤其是根部反应最为明显,处理时应格外慎重,避免发生药害。

8)毒饵法

利用能引诱有害生物取食的饵料,加上一定比例的毒剂,混配成有毒饵料或有毒土诱杀有害生物的施药方法。在使用上经常更换饵料能取得较好的效果。

9)涂抹法与注射法

利用药剂内吸传导性,把高浓度药液通过一定装置涂抹到植物上的施药方法。

10)熏蒸法

利用熏蒸剂在常温密闭或较密闭的场所产生毒气来防治病虫害的方法,主要用在仓库、车厢、温室大棚等场所。

第17章　园林植物配置与施工组织设计编制

17.1　花坛植物配置与设计

花卉艺术作为改善环境、美化生活的重要元素，正日益受到人们的推崇和喜爱。重大节日的花坛布置已成为一个城市现代文明的标志，无论是在城市的公园里、街道上，还是在工厂、机关、学校等的绿地、广场中，美丽的花坛都是一道亮丽的风景。

（1）花坛的形式

根据视觉空间的不同，可将花坛分为平面花坛和立体花坛；根据立地特点的不同，可将花坛分为单体花坛和群体花坛；根据使用花材布置形式的不同，可将花坛分为规则式花坛和自然式花坛；此外还有模纹花坛、组合花坛等。

（2）植物材料的选择

花坛植物应选用花期一致、花朵显露、株高整齐、叶色和叶形协调、容易配置的品种，由一二年生或多年生草本，以及球根花卉、宿根花卉、低矮色叶花灌木组成。配置上应具有季相变化，并突出重点景观。花坛花卉还必须选择其生物学特性符合当地立地条件的品种。江浙地区常见品种如下：

1）春季的花卉主要有矮牵牛、万寿菊、一串红、三色堇、金盏菊（黄）、雏菊（粉、红）、矮牵牛（红、粉、白）、四季海棠、虞美人、美女樱等。

2）夏季摆花要注意抗高温和抗高湿。初夏的花卉主要有一串红、石竹、万寿菊、孔雀草、鸡冠花等；盛夏的花卉主要有百日草、千日红、四季海棠、大岩桐、凤仙、洋凤仙、太阳花、马齿苋等。

3）秋季天高气爽、温度适宜、雨量充足，各科花卉开花繁多、花色鲜艳，最能体现各品种的特性，品种选择上也比较广泛。主要有一串红、鸡冠花、羽毛鸡冠、万寿菊、孔雀草、矮大丽、波斯菊等。

4）冬季花卉主要有金盏菊、三色堇、雏菊、小花樱草、羽衣甘蓝、四季报春等。

（3）花坛的选择及设计要点

花坛讲究群体效果，符合功能要求，并与环境协调。模纹花坛要求图案清晰、色彩鲜明、对比度强；自然式花坛要求花繁色亮、美观大方；立体花坛要求形象大气，富有生命力。

1）花坛的选择

花坛的形式、大小、高低和花卉品种色彩应与周围环境相协调。在选择花坛的种类时，对环境的考虑应把握以下几个方面：一是花坛的立地环境，考虑其立地环境的空间大小，是开阔还是狭小，周边环境是明亮还是灰暗，以及其原有的地被植物情况等。一般来说，狭小的空间选用自然式，而开阔明亮的立地环境则在花坛形式和花卉色彩的选择上有较大的范围。在雕塑、纪念碑等建筑下的花坛，由于其庄严肃穆的背景，通常以规则式或模纹花坛为主。一般的场合，则可选用立体花坛、自然式花坛等多种形式。二是考虑花坛的表现主题。为增加节日喜庆气氛，可选用大型的色彩艳丽的花坛；若是一般的绿化点缀，则选用自然的花坛或单一花坛。三是要因地制宜。如广场花坛占地面积在广场总面积的 $1/5 \sim 1/3$，无论是独立花坛，还是组合花坛，尽可能与雕塑、纪念碑、水池等统一。

2）花坛设计的要点

一是图案设计要简洁明快、线条流畅。花坛设计的图案，要求我们广大园林工作者遵循艺术创作的规律，具备"慧眼、慧心"，致力于不断探索深刻的主题，精心筛选多样化又具有时代特征的表现题材，塑造典型形象和造型。

二是株高配置要合理。花坛主要是以平面观赏为主，植床不能太高，花坛应是中间高、四周稍低，或内高外低，呈立体状。花坛中的内侧植物（种植或摆放后）要略高于外侧，由内向外延伸，做到自然、平滑过渡。若高度相差过大，可采用垫板、堆沙、垫砖等办法进行弥补，从而使整个花坛表面线条流畅、顺滑。

三是花色要协调。花卉具有强烈的色彩效果，巧妙利用色彩的对比度、色调差异，更能彰显花卉艺术的效果。同一花坛中的花卉颜色应对比鲜明、互相映衬，在对比中展示各自的色彩，同时避免同一色调中不同颜色的花卉。从季节变化上看，蓝、绿等冷色调花卉，给人一种平淡、凉爽、深远的感觉，而红、黄、橙等暖色调给人热烈、活泼的感觉，所以夏季宜多用冷色调花卉，春、秋、冬季和喜庆节日宜用暖色调花卉。

四是结合工程技术，实现花坛的艺术创作。艺术的构思总是要通过一定的技术手段实现，雕塑是用刻刀成就的，绘画是用笔触实现的，艺术家技艺的高低往往体现在其塑造的典型艺术形象与现实原形的相似程度上，栩栩如生、活灵活现形容的是作品的逼真性。

17.2　花境植物配置与设计

花境是园林绿地中又一种特殊的种植形式，是以树丛、树群、绿篱、矮墙或建筑物作背景的带状自然式花卉布置，是模拟自然界中林地边缘地带多种野生花卉交错生长的状态，运用艺术手法提炼、设计成的一种花卉应用形式。一个完美的花境要做到植物生长茂盛、花色丰富、配置合理，植物不仅在空间上有高低错落的层次感，而且在时间上连续开花，形成不同的季相景观。在对花境植物进行配置时，设计者要在充分了解各种植物形态特征与生活习性的基础上，着重考虑以下几个要素。

（1）色彩

对于任何一个花境来说，色彩都是不可或缺的要素，甚至可以说色彩是吸引人们视线的第一要素。冷色系与暖色系的应用可以通过视觉改善人们的心理感受，暖色系引人注目，有向前和接近感，令人目光久留；而冷色系容易分散人的视线，产生后退及距离感，使空间显得开阔。在色彩的搭配上，通常采用以下组合方式。

1）相似色或同色系法

即相近颜色的组合，利用色轮中相邻的两种颜色进行配置，如黄色与橙色、蓝色与紫色等；也包括同一色相内深浅程度不同的颜色组合。相似色的使用可以达到一种精致、近乎水彩画的效果，给人以宁静、安详的感觉。这种方法由于在色相、明度和纯度上比较接近，因此容易协调。

2）互补色或对比色搭配法

即互为补色的色彩组合，利用色轮中距离最远的两种颜色进行配置。这种组合由于色相、明度等差异大，对比强烈，能够制造出明亮、炫目的效果，因而更容易吸引人们的视线。如常用的有黄色和蓝色、橙色与紫色等，强烈的对比能制造欢快、热烈的气氛，给人留下深刻的印象。

3）混合色搭配法

即多种颜色混合在一起形成混色花境，这种花境具有鲜艳的色彩和热烈的气氛，比较容易受人喜爱，也给设计者广泛的创意空间。在配置时，通常相邻的植物尽量选用色相差别较大的颜色，以免靠色；如果难以避免，可以用一些银灰色的观叶植物或观赏草类进行过渡和协调。对于面积较小的花境，不宜使用过多的色彩，否则易产生杂乱感。

并不是只有花朵才能制造出美丽的景色，许多植物的叶片同样能够营造出独特的景致。因此，在任何时候都不要忽视叶片颜色的作用。虽然多数植物的叶片都是绿色的，但是绿色也分为很多种：黄绿、蓝绿、墨绿、橄榄绿等；此外，叶片还有很多其他颜色：红色、紫色、黄色、金色、灰色、白色、蓝色，以及多种混合的颜色和花纹。由于叶片具有这么多种颜色，因此在配置时要考虑相邻植物之间叶片与花色的协调。例如蒿、雪叶莲、绵毛水苏等，其银色或灰色的叶片与蓝色或红色的花朵搭配起来十分和谐，是一种绝妙的组合。而一些叶片具有混合色彩的植物，如花叶美人蕉、花叶玉簪等，其叶片具有鲜艳、亮丽的花纹，如果将其少量点缀在绿色植物作背景的花境中，将会成为观赏者目光的焦点。此外，一些看似普通的观叶植物，如金叶甘薯和彩叶草等，不仅观赏期长，而且养护管理简便，无论是组团，还是作为色彩强烈植物间的过渡都很适宜，因此也是花境中优秀、常用的植物材料。

（2）株形

在进行植物配置时，植株的形态也是重点考虑的因素之一。植株的形态基本上可以分为三种：圆锥状、球状和扁平状。圆锥状的植株直立，具有尖的或圆锥形的叶子或花头。尖的或长条状叶子的植物，如西伯利亚鸢尾等，能够打破水平的线条，加强垂直的空间感。圆锥形的花序如毛地黄、蜀葵和鼠尾草等，可以令花境的立面高度得到提升。球状的植物可以作为花境中不同植物之间的过渡，带有绒毛的球状植物如满天星、垫状福禄考、华丽景天等可以在不同的高度制造出色彩的波浪。在植物之间的空隙可以填充一些扁平状的植物，如老鹳草等。一些低矮而有伸展性的植物对花境的边缘也能起到很好的装饰作用。

不同形状的植物搭配在一起，相互对比和衬托，不仅可以显示植物品种的多样性，而且可以起到很好的景观效果。例如，球形的植物有一种包容性，能给人满足感；花序长而直立的植物则会成为视觉的焦点；两者种植在一起能够给人留下深刻的印象。不同形状的植物见图 17-2-1。

（3）质感

质感是指花和叶片的形状、大小、质地等综合的特性：细腻的、粗糙的，抑或是处于二者之间的。多年生花卉在株形、叶形、花形及叶片质地等方面性状差异很大，但是它们中的大多数属于中等质感的植物。因此，应该在其间加入一些质感细腻或粗糙的植物，将不同的类型配置在一起，起到很强的对比效果，从而令花境更加丰富、活泼。粗糙质感的植物对于呆板、平凡的花境具有极好的改善作用。如果在一片精致而富于细腻质感的草本植物中，用一丛明亮而粗放的玉簪点缀其中，立刻会令画面丰富、生动起来。不同质感的植物见图 17-2-2。

图 17-2-1　不同形状的植物　　　　图 17-2-2　不同质感的植物

（4）花期

即使是最有经验的设计师，要保证花境在一年四季都处于繁花似锦的状态也是一件很难的事。因而最重要的一点是保持景观的连续性，即应将开花的植物分散在整个花境中，避免局部花期过于集中，使整个花境看起来不均衡，影响观赏效果。

宿根花卉和球根花卉虽然在花期上没有一二年生草花长，但是它们可以数年开花而无须更换。在配置时，可以将常绿的地被植物与宿根花卉和球根花卉种在一起，这样一来，在宿根花卉和球根花卉的花期过后，地被植物能够弥补其空缺，以保持花境的观赏效果。如果事先没有考虑到这点，其空白处可以用根系较浅的一年生草花弥补，也会收到很好的效果。

（5）种植形式

花境中的植物一般都以组团的形式种植，即每个品种种植成一个团块，品种之间可以看出明显的轮廓界限。但是不应有过大的间隙，整个花境由多个品种的组团结合在一起，形成一个整体。在组团中，小型和中型的植株适宜 3 或 5 株组合成丛状种植，奇数植物的组合往往比偶数组合更容易形成好的效果；而植株高大、丰满的种类则可以单独种植，以形成焦点和对比。整个花境中的植物应高矮有序、相互陪衬，尽量显示植物自然组合的群落美。种植一些高大植物时要经过认真考虑，因为它们的位置通常会影响到整个花境的轮廓。

（6）节奏和变化

一个好的花境不应该平铺直叙，而应该富有节奏和变化，设计者可以通过色彩或植物的重复达到这一效果。特别是对于路缘花境、隔离带花境等形式，通过一些标志性植物进行等距离重复种植，可以产生一种节奏韵律，令人感到视觉上的愉悦。花境中不同植物的组团应该有所变化，每个品种的组团在数量和规模上要有所不同，避免看起来一般大小，那样花境整体看起来则会显得呆板、僵硬，失去了自然组合的美妙感。节奏和变化见图 17-2-3。

图 17-2-3　节奏和变化

综上所述，要全面考虑以上各个要素，才能实现合理的植物配置。花境成功的关键在于植物的配置，一个理想的花境应该达到"虽由人作，宛自天开"的效果，要最大限度地将自然美、艺术美和人工美结合，达到人与自然的和谐。

17.3　一般园林工程施工组织设计编制

施工组织设计是园林工程建设过程中技术与经济性的文件。对于当今风景园林行业来说，编写施工组织设计是一个极其敏感而重要的课题，它是在技术、组织上对工程质量、安全、成本、工期和季节施工等采用的方法进行策划。

园林建设项目具有面广、量大，涉及专业门类较多，新技术、新工艺、新材料、新设备应用比较超前的特点，与其他行业相比有其独特性。施工组织设计的编写形式一般可以划分为两类：一类是投标时编制的施工组织设计（简称投标设计），是按照招标文件的要求编写的大纲型文件，追求的是中标和经济效益；另一类是签订工程合同后编制的施工组织设计（实施设计），它又可分为 3 种，即施工组织总设计、单体工程施工组织设计、分部（分项）工程施工组织设计（施工方案），追求的是施工效率和经济效益。

（1）施工组织设计大纲

施工组织设计大纲是根据企业自身实力，响应招标文件的要求而编制的投标技术文件，用于体现竞争能力，反映企业的技术经济管理水平，并对中标后的各项组织控制进行初步策划。按照招标文件的要求及具体情况，由经营管理层在总工程师主持下进行编写，是编制施工组织总设计的概念性文件。

（2）施工组织总设计

施工组织总设计的主要内容应该包括：工程概况和单项工程名称及其质量，施工总目标，施工组织，施工部署和施工方案，施工准备工作，施工的总体进度、质量、成本、安全、资源、环保和设施等计划和控制措施，以及施工总体风险防范，施工总平面和主要技术经济指标。它是编制单体（项）工程施工组织设计的依据。

1）单体（项）工程施工组织设计

单体（项）工程施工组织设计是在项目经理的组织下，由项目工程师负责编制，按照施工组织总设计，以某一个单项或其中一个单位工程为对象，用以指导其施工全过程，以及各项施工活动的技术、经济、组织、协调和控制的可操作性文件。一般在实施前进行编制，需经总承包单位的总工程师批准，是编制分部（分项）工程施工设计的依据。

2）分部（分项）工程施工组织设计

分部（分项）工程施工组织设计是由项目工程师审批，依据单体（项）工程施工组织设计的要求，由项目主管技术人员以其中的一个分部（分项）为对象进行编制的，用以指导其各项施工作业活动的专业性文件，是该项目专业工程具体实施的依据。

第 3 篇

安全生产知识

第18章　用药、用电、农机具安全使用知识

18.1　安全用药知识

18.1.1　农药的定义

农药是指用于杀灭危害农、林、牧业及其产品和环境卫生的害虫、螨类、病菌、线虫、杂草、鼠等的化学药剂，农药也是植物的生长调节剂。农药种类繁多，杀虫的农药叫杀虫剂，防病的农药叫杀菌剂，防除杂草的农药叫除草剂。

18.1.2　农药对人、畜的毒性

农药的毒性会通过人的皮肤、呼吸道和消化道等部位进入体内，引起人的中毒。中毒分为急性中毒和慢性中毒。急性中毒指人和农药接触后，在短时间内发生中毒症状，如头晕、恶心、呕吐、抽搐痉挛、呼吸困难、大小便失禁，甚至死亡。人员发生中毒应立即送医院救治。而慢性中毒是由于人长期食用残留于食物中或吸入空气中的微量农药，农药在人体内积累到一定量时，引起人内脏功能受损，阻碍正常生理代谢而发生的毒害。对于慢性中毒，需要测定致癌、致畸、致突变，以及对人后代遗传变异影响、累代繁殖情况等指标，并进行定性观察。

18.1.3　农药对植物的药害

（1）产生药害的原因

药害的产生主要是农药的不合理使用，抑制了蔬菜的生长，导致蔬菜作物异常甚至死亡。

（2）药害的症状

农药对植物的药害可分为急性和慢性。急性药害是施药后几小时至十几天内，植物表现出形态异常。慢性药害是施药后，经过较长时间植物才表现出药害症状。

（3）防止药害产生的措施

植物的种子萌发、幼苗、开花授粉对农药反应敏感，应选用不易发生药害的农药，而且剂量要小。生物农药和植物农药防治病虫，不易产生药害。但在高温、强光下易出现药害，不宜施药。干旱时应减少用药量，阴天时可适当增加药剂的浓度。有内吸收作用或在高温、强光下易分解、挥发的农药品种，如巴丹、杀虫双和辛硫磷等，宜在17：00后施药，或在阴天用药，防止药害发生。

（4）农药分类及使用范围

根据目前农业生产上常用农药的毒性综合评价，分为高毒、中等毒和低毒三类农药。高毒农药只要接触极少量就会引起人员中毒或死亡；中低毒农药虽毒性稍低，但接触多，

抢救不及时也会造成人员死亡。规定高毒农药不准用于蔬菜、茶叶、果树、中药材等作物，不准用于防治害虫与人、畜皮肤病。

（5）农药的购买、运输和保管注意事项

1）农药由使用单位指定专人凭证购买。买农药时，必须注意农药的包装是否有破漏。注意农药的有效成分含量、出厂日期、使用说明等，鉴别不清和质量失效的农药不准使用。

2）运输农药时，应先检查农药包装是否完整，搬运时要轻拿轻放。

3）农药不得与粮食、蔬菜、瓜果、食品、日用品等混载、混放。

4）将农药集中存放在专用仓库、专用柜中，由专人保管，门、柜要加锁。

（6）农药使用中的注意事项

1）配药时，配药人员要戴胶皮手套，必须用量具按照规定的剂量称取药液或药粉，不得任意增加用量。严禁用手拌药。

2）拌种要用工具搅拌，用多少，拌多少，拌过药的种子尽量用机具播种。如需用手撒或点种时，必须戴防护手套，以防皮肤吸入农药中毒。剩余的毒种应被销毁，不准用作口粮或饲料。

3）配药和拌种应选择远离饮用水源和居民点的安全地方，要有专人看管，严防农药、毒种丢失或被人、畜误食。

4）使用手动喷雾器喷药时，应隔行喷。手动和机动药械均不能在左右两边同时喷，大风和中午高温时应停止喷药。药桶内药液不能装得太满，以免药液晃出桶外，毒害施药人员身体。

5）喷药前应仔细检查药械的开关、接头、喷头等处螺栓是否拧紧，药桶有无渗漏，以免漏药污染。喷药过程中如发生堵塞，应先用清水冲洗后再排除故障。绝对禁止用嘴吹吸喷头和滤网。

6）施用过多毒农药的地方要竖立标志，在一定时间内禁止放牧、割草、挖野菜，以防人、畜中毒。

7）用药工作结束后，要及时将喷雾器清洗干净，连同剩余药剂一起交回仓库保管，不得带回家。清洗药械的污水应选择安全地点妥善处理，不准随地泼洒，防止污染饮用水源和养鱼池塘。盛过农药的包装物品，不准用于盛粮食、油、酒、水。

（7）施药人员的选择和个人保护

1）施药人员应选择对工作认真负责、身体健康的青壮年，并经过一定的技术培训。

2）凡体弱多病者，患皮肤病和农药中毒及其他疾病尚未恢复健康者，哺乳期、孕期、经期的妇女及皮肤损伤未愈者，不得喷药或暂停喷药。喷药时不准小孩出现在喷药地点。

3）施药人员在打药期间不得饮酒、抽烟。

4）施药人员在打药时必须戴防毒口罩，穿长袖上衣、长裤和鞋袜。在操作时禁止吸烟、喝水、吃东西，不能用手擦嘴、脸和眼睛，绝对不准互相喷药嬉闹。每日工作之后，喝水、抽烟、吃东西之前要用肥皂彻底清洗手、脸，并且漱口，有条件时应洗澡。被农药污染的工作服要及时换洗。

5）施药人员每天喷药时间一般不得超过 6h。使用背负式机动药械，要两人轮换操作，连续施药 3～5d 后应休息 1d。

6）操作人员如有头痛、头晕、恶心、呕吐等症状时，应立即离开施药现场，脱去被污染的衣服，漱口，用肥皂洗手、脸和皮肤等暴露部位，及时送医院治疗。

18.2　安全用电知识

（1）安全用电的基本原则

1）防止电流经由身体的任何部位通过。

2）限制可能流经人体的电流，使之小于电击电流。

3）在故障情况下，触及外露可导电部分时，可能引起流经人体的电流等于或大于电击电流时，能在规定时间内自动断开电流。

4）正常工作时的热效应防护，应使所在场所不会发生因地热或电弧引起可燃物燃烧，或使人遭受灼烧的危险。

（2）电击防护的基本措施

1）直接接触防护应选用绝缘、屏护、安全距离、限制放电能量在 24V 及以下的安全特低电压、用漏电保护器作补充保护或间接接触防护的一种或几种措施。

2）间接接触防护应选用双重绝缘结构、安全特低电压、电气隔离、不接地的局部等电位联结、不导电场所、自动断开电源、电工用个体防护用品或保护接地（与其他防护措施配合使用）的一种或几种措施。

18.3　农机具安全使用知识

18.3.1　主要手动工具的安全使用

使用的各种工具必须是正式厂家生产的合格产品。使用工具的人员必须熟悉所使用工具的性能、特点，熟悉使用、保管、维修及保养方法，使用前必须对工具进行检查，严禁使用腐蚀、变形、松动、有故障、破损等不合格工具。工具在使用中不得进行快速修理，带有牙口、刃口尖锐的工具及转动部分应有防护装置。

18.3.2　安全使用带电工具

使用前应仔细阅读说明书。有一些工具使用不同的刀片，应挑出刀片安装正确的工具。在空气湿度大或潮湿的环境中，不要使用电动园艺工具。工具的电源插头应插在户外插座上，并确定插座与室内的断路开关连接在一起，而且应该使用三相插座。

18.3.3　安全使用露地育苗生产农机具

从事露地育苗生产，应掌握露地育苗生产机械（包括开沟筑畦作业工艺与机具、播种工艺及其机具、地膜覆盖及其机具、喷药机具、施肥及其机具等）的安全使用技术与维修保养方法。

18.3.4 安全使用育苗保护地设施和机械

从事育苗保护地生产和工作的人员必须熟知各种不同保护地设施类型的结构、性质及应用，熟知不同覆盖材料的种类，熟知保护地工厂育苗设备及育苗技术，熟知园艺设施的环境特点及调控技术，熟知保护地微型耕作机、病虫害防治机械、节水灌溉机械等的性能、特点、使用保管及保养方法。